LP 185

www.lenos.ch

Florianne Koechlin

PflanzenPalaver

Belauschte Geheimnisse der botanischen Welt

Lenos Verlag

Die Autorin

Florianne Koechlin, geboren 1948, studierte Biologie und Chemie; sie wurde bekannt als Gentechnikkritikerin und Autorin verschiedener Bücher und zahlreicher Artikel. Sie ist Geschäftsführerin des Blauen-Instituts und beschäftigt sich seit Jahren mit praktikablen Alternativen und Erweiterungen zum bestehenden, allzu einseitigen Wissenschaftsverständnis. Zudem ist sie Stiftungsrätin der Zukunftsstiftung Landwirtschaft und der Swissaid und war Mitglied der Eidgenössischen Ethikkommission für die Biotechnologie im Ausserhumanbereich EKAH. www.blauen-institut.ch.

Dank

Ich möchte all jenen danken, die mir für Gespräche zur Verfügung standen: František Baluška (Zellbiologe), Wilhelm Boland (Pflanzenforscher), Greet Helsen (Malerin), Jörg Hess (Verhaltensforscher), Barbara Hohn (Molekularbiologin), Sepp Holzer (Bauer), Hans Werner Ingensiep (Philosoph), Mani Mezhukanal (Philosoph), Dorian Schmidt (»Hellsehender«), Andreas Schwarz (»Hellfühlender«), Sebastian Thadathil (Bauer), N. V. P. Unithiri (Philosoph), Dieter Volkmann (Zellbiologe) und Günther Witzany (Biosemiotiker).
Für die grosse Hilfe danke ich auch Günter Spaar sowie Daniel Ammann, Charles Blockey, Sally Bodoky, Susan Boos, Stephanie Grob, Christel Grünenwald, Ruth Marx, Roger Monnerat, Markus Ritter, Hansjörg Stalder, Esther Völlmin und Stephanie Zellweger.
Günter Altner und Beat Sitter-Liver möchte ich für ihre Beiträge in den Anmerkungen meinen Dank aussprechen.

LP 185

Dritte Auflage 2017

Satz und Gestaltung: Lenos Verlag, Basel
Umschlag: Anne Hoffmann Graphic Design, Zürich
Umschlagbild: Florianne Koechlin
Printed in Germany

ISBN 978 3 85787 785 8

Inhalt

Vorwort

Pflanzen, Tiere und Menschen haben die gleichen Wurzeln: die fast drei Milliarden Jahre dauernde Evolution als einzellige Lebewesen. Nur so ist verständlich, dass Pflanzen uns auf der Zellebene viel ähnlicher sind, als wir je geahnt hatten. Sie kommunizieren miteinander via Duftstoffe, lernen aus Erfahrungen und können sich erinnern. Sie haben ein Immunsystem. Ihre Wurzeln können zwischen Selbst und Nicht-Selbst unterscheiden.

Mich hat diese phantastische Welt der Pflanzen in den Bann gezogen. Ich habe mich deshalb auf die Reise gemacht zu denjenigen, die ihrem Geheimnis etwas näherzukommen versuchen.

Ich traf einen österreichischen Bauern, der in über 1300 Metern Höhe Kiwis zum Reifen bringt und einen hochproduktiven essbaren Paradiesgarten betreibt, ohne ein Gramm Agrochemie und Kunstdünger. In Südindien besuchte ich Kleinbauern und -bäuerinnen, die in ihren vielfältigsten Homegardens beeindruckende Hektarerträge erwirtschaften. Mir hat imponiert, wie diese Praktiker geschickt genaues Beobachten, kreatives Experimentieren und Rückgriff auf altes Wissen kombinieren.

In einer völlig anderen Welt leben die Forschenden in den Universitätslabors, die nach den Normen des anerkannten Wissenschaftsbetriebes Pflanzenhormone analysieren und mit Blattfressrobotern Versuchsreihen durchführen, um die

frappanten Sprachfähigkeiten der Pflanzen zu ergründen. Von der Limabohne kennen sie inzwischen über hundert Duftstoffvokabeln. Ich besuchte Forscher, die bei Pflanzen nervenähnliche Strukturen orten, und eine Wissenschaftlerin, die mobile Pflanzen-Gene untersucht. Pflanzen, sagte sie, könnten Stresserfahrungen an ihre Nachkommen vererben. Seit dem Erscheinen meines Buches *Zellgeflüster* ist unglaublich viel Neues entdeckt worden. Pflanzen sind keine Automaten, die ihr Verhalten nach eingebautem Programm abspulen.

Die nüchterne Forscherprosa über elektrische Potentiale, Pilzkolonien in Wurzelstöcken und stressbedingte genetische Veränderungen klingt wie ein moderner Widerhall mancher Denkmodelle, die indische Philosophen seit Jahrtausenden entwickelt haben. Welche Rolle spielten dabei die Pflanzen? Ein ehemaliger Dozent in indischer Philosophie zeigte mir Texte auf verwitterten, tabakbraunen Palmblättermanuskripten, die zwar viele Hundert Jahre alt sind, aber hochaktuell tönen. Später erkundigte ich mich, wie es der Pflanze in unserer abendländischen Kultur- und Philosophiegeschichte ergangen ist. Die Unterschiede könnten grösser nicht sein!

Und nicht zuletzt war ich bei den intuitiv Wissenden, bei Leuten also, die sich auf Pflanzen einlassen, deren Energien aufnehmen oder bewegte Bilder sehen. So wollen sie die Vitalität von Pflanzen erfassen. Mit einer Malerin unterhielt ich mich über die Frage, ob nicht auch die Kunst ganz andere Zugänge zum wundersamen Wesen der Pflanze eröffnen kann.

Das wirklich Faszinierende an meiner Reise zu diesen

unterschiedlichen Gruppen von Menschen war die immer stärker werdende Erkenntnis, dass hier ein neues, sehr viel komplexeres Bild der Pflanzenwelt aus den verschiedensten Richtungen zusammenwächst.

Nach dieser Reise stieg in mir die Frage auf, warum denn Pflanzen in unserer Gesellschaft so anders bewertet werden als Tiere. Zumindest »höhere« Tiere sind keine Sachen mehr. Sie haben gewisse Rechte. Es gibt Vorschriften über artgerechte Tierhaltung.

Die Frage bleibt, ob nicht auch Pflanzen mehr Respekt verdienen und ob nicht auch sie Rechte haben sollten.

Am Schluss des Buches, ab Seite 169, finden Sie Anmerkungen. Diese sind für all jene, die sich für zusätzliche Informationen, theoretische Ausführungen oder weitere Beispiele interessieren. Die Anmerkungen sind jeweils mit der Seitenzahl der dazu passenden Stelle im Haupttext versehen.

IM FELD

Sepp und Veronika Holzer, Keusching (Salzburg)

Ein Garten Eden in garstiger Höhe

Im österreichischen Tauerngebirge, wo die jährliche Durchschnittstemperatur gerade einmal vier Grad Celsius beträgt, sollen Orangen, Maiherzkirschen und exotische Orchideen wachsen? Unmöglich! Und doch sah ich es mit eigenen Augen auf dem Krameterhof von Sepp und Veronika Holzer. Ich nahm an einer ihrer Hofführungen teil – und war begeistert. Das war im September 2006.

Der Krameterhof liegt einhundert Kilometer südöstlich von Salzburg auf 1100 bis 1500 Metern Höhe. Gleich hinter dem schweren schmiedeeisernen Tor beginnt eine andere Welt. Draussen, vor dem Tor, eine karge, steile Berglandschaft mit Weiden und Gebüsch. Drinnen wächst ein undurchdringliches Dickicht. Ich bleibe erst einmal stehen, überwältigt von all dem drängenden Wachsen und Spriessen um mich herum. Mit der Zeit entdecke ich im dichten Gehölz einen Mirabellenbaum, seine Früchte sind gelb, süss und saftig. Dann einen Apfel-, einen Birnen- und einen Pflaumenbaum. Alles wächst wild durcheinander, zusammen mit vielen anderen Bäumen und Büschen. Das Ganze ist ein essbarer Dschungel.

Inzwischen haben sich am Treffpunkt rund dreissig Leute für die Hofführung versammelt und warten auf Sepp Holzer. Dieser erweist sich als stämmiger Bauer mit angegrautem Vollbart und einem Schlapphut. Als erstes zeigt er uns oben am Hang einen kleinen Orangenbaum voller reifer

Früchte, die in der Sonne orange leuchten. Es stimmt also, hier wachsen Orangen! »Natürlich ist das Spielerei, Experimentierfreude. Ich habe hier oben keine Orangenplantage. Doch da wachsen massenhaft Gurken, Zucchini, Kürbisse und natürlich viel Obst. Wir haben Tausende von Obstbäumen«, sagt Sepp Holzer.

Er erklärt auch gleich, warum der Orangenbaum so gut gedeiht: »In dieser Mulde am Hang ist es windgeschützt und folglich wärmer. Dorthin lege ich grosse Steine. Die speichern die Wärme – das ist der Kachelofeneffekt. Die Steine schwitzen, unter ihnen bildet sich Kondenswasser. Die feuchten Orte sind ideal für Regenwürmer, die den Pflanzen Nährstoffe zur Verfügung stellen. In diese ›Sonnenfallen‹ setze ich besonders wärmebedürftige Pflanzen, wie eben einen Orangen- oder einen Kiwibaum.« Er fügt an, dass auf dem Krameterhof fünf verschiedene Kiwisorten wachsen. Der Biobauer aus Österreich ist inzwischen weitherum bekannt für seine ausgeklügelte Bewirtschaftungsart.

Als Sepp Holzer den fünfzig Hektar grossen Hof 1962 von seinem Vater übernahm, begann er als erstes mit einer radikalen Umgestaltung der Steilhänge. Mit Baggern liess er das Gelände terrassieren und grosse Mulden für Teiche ausgraben. Heute staffeln sich die breiten Terrassen den Hang hinauf, über eine Höhendifferenz von 400 Metern bis auf 1500 Meter. Zwischen Wäldchen und Hügelbeeten sind über siebzig Teiche und Tümpel. Mit ihnen könne er den Kachelofeneffekt nochmals unterstützen, erklärt der Biobauer: In den windgeschützten Mulden der Terrassen lege er Teiche und Tümpel an. Hinten und vorn plaziere er grosse

Steine. »Die Sonne scheint ins Wasser und wird reflektiert. Die Steine speichern diese Wärme. Dank Brennglaseffekt und Wärmereflexion entsteht in dieser Mulde ein Kleinklima wie in einem Backofen, und zudem habe ich Feuchtigkeit gestaut.« Dort kämen besonders wärmebedürftige Pflanzen hin.

Sepp und Veronika Holzer betreiben eine eigene Art der Permakultur. Der Begriff heisst »permanente Kultur«: In dieser Art der Bewirtschaftung soll immer etwas wachsen, zu jeder Jahreszeit. Die Permakultur wurde vom Australier Bill Mollison entwickelt, der dafür 1981 den Alternativen Nobelpreis erhielt. Sie setzt in noch viel grösserem Ausmass auf Vielfalt als der Biolandbau. Die natürlichen Wechselwirkungen zwischen Pflanzen, Tieren und der physikalischen Umwelt auszunutzen ist ein weiteres zentrales Merkmal dieser Landbewirtschaftung. Ein Beispiel sind die »Sonnenfallen«, die Sepp Holzer uns soeben demonstriert hat. »Permakultur beschreibt weniger eine bestimmte Anbaumethode als vielmehr eine Philosophie, wie landwirtschaftliche und soziale Systeme nachhaltig aufgebaut werden sollen«, schreibt der Wirtschaftswissenschaftler Stefan Rotter von der Universität Wien, der den Krameterhof lange Zeit wissenschaftlich untersucht hat. »Zentraler Punkt ist das Lernen und Nachvollziehen natürlicher Vorgänge in Ökosystemen.«

Wir beginnen die Exkursion. Sepp Holzer schreitet zügig voran, und bald erreichen wir einen grösseren Teich, vielleicht hundertzwanzig Meter lang und vierzig Meter breit. Hier gebe es Schwarzbarsche, Regenbogen- und Bachforellen, Hechte, Welse, Karpfen, Schleien und Störe, erzählt der

Biobauer – »Ja, die Störe gefallen mir halt besonders gut« –, sowie natürlich Krebse und Muscheln. Der Teich ist an einem Ende flach, durchsetzt mit Baumstrünken und grossen Steinen. Ein Schwarm Jungfische flitzt gerade ins Holzdikkicht. »Stell dir vor, du wärest da drinnen eine junge Forelle, da würdest du dich in diesen geschützten Ecken wohl fühlen«, sagt Sepp Holzer. Diese Aufforderung werden wir während der Exkursion immer wieder hören: Wir sollten uns in die Tiere, in die Pflanzen hineindenken, richtig hineinfühlen müssten wir uns, wenn wir herausfinden wollten, wie sie am besten gedeihen.

Er zeigt auf einen träge dahinschwimmenden Karpfen und fährt fort: »Im Teich gibt es reichstrukturierte Flach-, Kraut- und Tiefzonen mit unterschiedlichen Temperaturen. Mit diesen verschiedenen Biotopen kann ich Fried- und Raubfische in einem Teich halten. Da hat jeder seinen Laichplatz. Das Leben im Teich reguliert sich selber, ein wunderbar funktionierender Futterkreislauf, da muss ich nichts dazu tun, kein Futter, keine Pflege, nichts.« Er erklärt, dass alle zweiundsiebzig Teiche durch Kanäle miteinander verbunden seien und ein einziges grosses zusammenhängendes Wassernetz bildeten. Mittels Hochdruckturbinen produziere er mit diesem Wassersystem den Strom für den Betrieb.

Wir gehen weiter. Der Weg führt steil den Hang hinauf, durch offenes, steiniges Gelände. Sepp Holzer wartet bei einem bewachsenen Steinhaufen und schüttelt einige der grossen Pflanzen – ein intensiver Zitronengeruch erfüllt die Luft. Es ist Zitronenmelisse. Daneben spriessen Minze, Thymian, Salbei und Majoran. »Auf diesem Steinhaufen ist kaum Erde«, sagt Sepp Holzer, »nur Staub und Steine. Auf dem kargsten, dem trockensten Platz wachsen die Pflanzen mit dem besten Samen.« In Fachbüchern stehe, fährt er fort, dass man das beste Saatgut von den grössten Pflanzen an den besten Standorten erhalte, von Pflanzen also, die immer verhätschelt, gegossen und gedüngt würden. Diese würden abhängig und süchtig, und das sei falsch: »Ich möchte Saatgut von Pflanzen, die auf kargstem Boden gerade noch Samen hervorbringen; diese Körnchen sind die besten, da ist Energie drin, die bauen auf.«

Er fährt sich mit seiner grossen Hand durch den Bart und nimmt seine philosophischen Betrachtungen wieder auf. »Experimentieren müsst ihr«, sagt der Biobauer. »Oft denkt man sich: Nein, das geht nimmer, das geht kaputt. Man stutzt sich immer selber die Flügel, aber so kann man das Fliegen nie lernen. Doch ihr müsst neugierig sein, ihr müsst euch von der Natur mitnehmen lassen: Probiert aus, ob die Pflanze hier im Licht besser wächst oder dort im Schatten und welche sie besonders gern als Nachbarinnen hat.« Er nennt ein Beispiel: »Wenn der Boden sehr feucht ist, kann ich einen Teich ausgraben und Fische züchten. Wenn aber dort wertvolle Gräser und Knabenkraut – eine Orchideenart – wachsen, kann ich diese vermehren und eine Orchideenzucht beginnen oder verschiedene Heilkräuter anpflanzen, Kalmuswurzeln zum Beispiel. Wichtig ist, dass ich die Vielfalt erhalte und erhöhe, damit bewahre ich das ganze System. Eine Pflanze hilft der anderen, es kommt zu Wechselwirkungen und zu Symbiosen. Das ergibt hochwertige Produkte, da wird die Nahrung zu deiner Medizin und nicht nur magenfüllend.« Und er poltert los, gegen Industrie, Politiker und »Gschtudierte«, die Industrienahrungsmittel produzierten und alles falsch machten. Die Rolle des David, der den Goliath bekämpft, gefällt ihm sichtlich, eines seiner Bücher heisst – nicht bescheiden – *Der Agrar-Rebell.*

Wieder geht's bergauf, entlang einem kleinen Wald. In Einerkolonne steigen wir hoch. Es ist eine vergnügte Gruppe, einige essen eine eben gepflückte Williams Christbirne, andere einen Apfel oder eine Reineclaude. Fast alle sammeln links und rechts des Weges Samen ein. Ein Schweizer Ehepaar, das im Napfgebiet einen Bauernhof betreibt, ist mit grossen Papiersäcken unterwegs. Das sei ihr dritter Besuch hier auf dem Krameterhof, erzählt die Bäuerin, und dieses Mal wollten sie vor allem Saatgut sammeln, Lupinensamen zum Beispiel oder Samen von der Färberkamille, von Heilkräutern, bodenverbessernden Pflanzen, von Getreide und Gemüse. Die wollten sie auf ihrem Hof im Napfgebiet aussäen und ausprobieren, was am besten gedeihe.

Wir erreichen den nächsten Teich, spazieren entlang dem Wasser und sehen einige Fische. Sepp Holzer ist bereits wieder am Erklären, ungeduldig, weil noch nicht alle da sind, auf seiner Stirn glänzen Schweissperlen. Ich höre gerade noch, wie er die verschiedenen Irissorten am Teichrand aufzählt: *Iris sibirica, Iris germanica* und *Iris pseudacorus.* Diese grossen Irisstöcke könne er gut verkaufen. Ein Hotel, das gerade einen Teich anlege, zahle dafür rund 1200 Euro, für besonders grosse Stöcke erhalte er gar 2000 Euro. Auch die Samen könne er verkaufen.

Es imponiert mir, dass Sepp Holzer kein Schwärmer, kein ökologischer Schöngeist ist. Bei ihm muss alles rentieren.

Schon als Bub habe er, erzählt er stolz, eine Kaulquappe aus seinem selbstangelegten Teich gegen ein Jausenbrot eingetauscht oder von seinen Schulkameraden für jede Besichtigung seiner kleinen Fische einige Schillinge verlangt.

Der Krameterhof ist Selbsternteland. Jedes Jahr kommen Tausende von Leuten, um Obst und Gemüse zu ernten. Dies würden sie ohnehin nicht auf den Märkten verkaufen, das wäre viel zu aufwendig, meint der Bauer. Lohnend aber sei der Verkauf der Fische, Krebse, Schweine, Heilkräuter, Pflanzensamen und Bäume. Auf dem Krameterhof wachsen 14000 Obstbäume. »Wunderbare Obstbäume haben wir, viele verschiedene Apfelbäume zum Beispiel, auch ganz alte Sorten«, sagt Sepp Holzer. »Und Kirschbäume. Im Sommer habe ich die schönsten grossfruchtigen Maiherzkirschen oder Petzkirschen. Das sind alles selbständige Bäume, die müssen nicht geschnitten werden. Denn wenn man Bäume schneidet – ich hab ja Baumschulwärter gelernt –, dann muss man sie immer schneiden; sie werden abhängig und süchtig. Die hätten keine Chance hier oben. In jedem österreichischen Lehrbuch steht, dass Obstbäume in Höhen über 1000 Meter nicht mehr wachsen. Doch hier gedeihen sie prächtig, auf 1300 Metern.« Er verkaufe viele Obstbäume, ganze Lastzüge gingen nach Schottland oder nach Deutschland. Das sei ein gutes Geschäft. Die österreichische Finanzverwaltung habe seinen Hof als »hochproduktiv« eingeschätzt – was ja auch stimme –, 2005 musste er über 90000 Euro Einkommensteuer bezahlen.

Bald erreichen wir den Schweinekoben: einen grobgezimmerten Holzunterstand inmitten eines grossen, umzäunten Feldes. Zwei mächtige Sauen mit schwarzem Bauch kommen neugierig heran. Andere wühlen den Boden auf, grunzen und quietschen, die kleinen Ringelschwänze über den prallen Hinterbacken sehen lustig aus. Sepp Holzer sagt: »Die rund hundertköpfige Schweineherde macht die meiste Arbeit für mich, die Säue ackern, eggen und düngen den Boden, ich muss nachher nur noch aussäen.« Er hält robuste Schweinerassen, wie das Schwäbisch-Hällische Schwein, das kroatische Turopolje- und das ungarische Mangalitza-Schwein mit seinem schwarzen, zottigen Fell. Die Schweine fressen Gras und Klee sowie Kartoffeln, Topinambur, Gemüse und Obst oder was es gerade hat. Beim Wühlen lokkern sie den Boden auf, und mit ihrem Kot düngen sie ihn. »Wenn sie mit einem Feld fertig sind, brauche ich sie nur auf das nächste Feld zu treiben, und dann kann ich einsäen, das ist alles fertig gemacht. Es gibt keine Schnecken, keine Überpopulation irgendwelcher Schaderreger, die Schweine regulieren das. Da wächst das schönste Gemüse und Getreide. Null Arbeit. Nur die Felder wechseln.« Der Boden sei hier oft so steinig, fährt er fort, dass er für seine Obstbäume mit dem Spaten kein Loch graben könne. Jeder Pflug gehe kaputt. Die Schweine aber seien elastische Pflüge, die kämen überallhin. So könne er die steilsten Hänge bewirtschaften. Und er fügt an: »Die Gratispflüger rechnen sich auch ökonomisch: Wir verkaufen Fleisch sowie Jung-, Zucht- und Mastschweine.«

Unser Weg führt weiter zu einem breiten, terrassierten Feld. Taubenblaue Zichorie – ein Bittersalat – säumt den Weg. Zwischen den hohen Getreideähren wächst gelbblühende Färberkamille, als Untersaat etliches Gemüse, und es gibt auch Kartoffeln. »Das ist Sauarbeit«, sagt Sepp Holzer,

»die haben hier alles bearbeitet, ich musste nur einsäen. Sie kommen später wieder hierher und fressen alles, was wir Menschen nicht genommen haben. Ich brauche sie nicht extra zu füttern.« Jemand fragt, ob es um dieses Gemüse nicht schade sei. »Ja, freilich, das wäre wunderbar zum Essen – doch das ist auch Futter für die Schweine. Alles selbst zu ernten wäre ein Riesenaufwand. Dann müsste ich die Viecher füttern und einsperren, das ist ja Unsinn. Ich bin doch kein Gefängniswärter, der seine Gefangenen füttern muss! Nein, die Schweine sind immer draussen, sie finden Schutz in den Koben und fressen, was sie finden. Einsperren tu ich die nicht. Und wenn für Rinder und Wild aus dem Wald auch noch etwas übrigbleibt, um so besser.«

Die Sonne brennt, ich bin froh um meinen Sonnenhut, wieder steigen wir bergan und erreichen endlich die Blockhütte, wo Veronika Holzer mit einer reichen Jause aufwartet. Sie hält sich immer im Hintergrund, doch ohne sie wäre der Krameterhof undenkbar. Sie besorgt das Büro, hilft überall aus, führt den Hof während Sepp Holzers Abwesenheit und begleitet ihn auf seinen Reisen. Vier Kinder haben sie grossgezogen. Jahrelang haben sie und ihr Mann den Hof allein geführt; heute hilft ein Nachbarsbauer aus, weil die Holzers so oft auf Vortragstournee sind. Eine Sekretärin bewältigt die viele Post.

Nach der Pause spazieren wir den nahe gelegenen Teich entlang. Darin schwimmen zwei fette weisse Kois mit orangefarbenen Flecken. Mir gefallen sie nicht, doch für jeden dieser gesuchten japanischen Zierfische erhalte er 2000 Euro, sagt Sepp Holzer.

Am Waldrand, gleich hinter dem Teich, lässt uns Sepp

Holzer anhalten. Er weist auf den gegenüberliegenden Berghang auf der anderen Seite des Tals. Dort zeigt sich uns ein Bild der Verwüstung. Wir sehen grosse, gänzlich kahle Flächen, durchsetzt mit einigen kleinen Waldstücken. 2002 habe ein mächtiger Sturm sämtliche Fichtenwälder in der Region schwer beschädigt, reihenweise seien die Bäume umgestürzt, sagt Sepp Holzer. Doch seine Wälder hätten kaum gelitten. Warum? »Schaut euch dort drüben diese Fichtenmonokulturen an: alles nur Fichten, reine Fichtenwüsten. Die Bäume haben oben grüne Wipfel, aber unten bloss dürre Äste. Der Waldboden ist übersäuert, Bodenlebewesen sterben ab, Quellen versiegen, die Vitalität nimmt ab. Jedes Jahr werden die Kahlflächen grösser, weil immer mehr Wald zusammenbricht. Doch mein Mischwald hier hat den Katastrophensturm von 2002 problemlos überlebt. Da sind Lärchen, Tannen, Vogelkirschen, Weiden dabei, auch Ulmen – unsere heimische Bergulme –, alles ist bunt gemischt. Das Wurzelsystem ist vielfältig und gut verankert, der Boden grün bewachsen. Das sind vitale, elastische Bäume, denen kann weder Schnee noch ein Sturm etwas anhaben.«

Wir marschieren weiter, auf einem breiten Weg geht es nun bergab. Alle – nicht nur ich – scheinen müde zu sein. Ich lasse den Tag Revue passieren. Ein Wirbelsturm an Eindrücken, eine schier unfassbare Vielfalt an Bildern, Gerüchen, Aromen, Namen. Eine grosse Lust, zu Hause selbst mit all den Samen zu experimentieren, die ich während des Tages gesammelt habe. Sepp Holzer, einige Meter vor mir, ist immer noch pausenlos am Diskutieren und Dozieren. Er weiss, was richtig und was falsch ist. Richtig ist es meistens so, wie es früher war, als die Kinder noch mit Rosskastanien spielten. Und falsch ist es so, wie es heute ist. Die Kinder würden verwöhnt, spielten nur noch mit Plastikspielsachen und hockten vor dem Fernseher. Trotz allen Erfolges ist er Bauer geblieben. Mit den Bauern in der Gruppe fühlt er sich wohl. Alle duzen sich. Er redet ihre Sprache, einen deftigen Dialekt, gespickt mit Bildern und Anekdoten, ein brillanter Rhetoriker. Der Biologin aus der Schweiz gegenüber verhält er sich anfangs eher reserviert, beginnt erst mit der Zeit aufzutauen. Beim höflichen Sie bleibt es trotzdem.

Wir kommen zum Ausgangspunkt zurück. In der Abschlussrunde werden ihm zahlreiche Fragen gestellt, auf alle weiss er eine Antwort. Zwei bleiben mir in besonderer Erinnerung: Ein Imker will wissen, ob es ein Mittel gegen die Varroamilbe gebe, die ganze Bienenvölker zerstören könne. Ganz einfach, sagt Sepp Holzer, er montiere eine Bienenbremse vor den Stock. Diese verhindere, dass die Bienen gleich in die Höhe fliegen können, und zwinge sie, zuerst ein Beet mit würzigen Heilkräutern zu durchqueren – Quendel, Majoran, Thymian und viele mehr –, das sei die beste Medizin gegen die Milben – und ergebe zudem hochwertigen Medizinalhonig.

Ein Bauer fragt, ob auch Wildpilze kultiviert werden könnten. Sepp Holzer geht und bringt einen löchrigen alten Jutesack, den er mit einem Finger leicht anklopft. Eine schwarze Wolke entweicht: Sporen des Riesenbovists. Er binde diesen mit einem alten Pilz gefüllten Sack an einen Baum, erklärt er. Vor den Sack hänge er einen Holzstock, an dessen unterem Ende ein quadratisches Blech befestigt ist. Starker Wind schlage den Stock mit dem Blech gegen den Sack – die entweichenden Sporenwolken würden weiträumig in der Umgebung verteilt und seine Pilzkulturen damit ins Leben gerufen.

Ich frage ihn zum Schluss, ob seine Permakultur sich auch für grosse Monokulturflächen eignete. Natürlich funktioniere das überall, sagt Sepp Holzer. Mais pflanze er selbst auch an, und zwar zusammen mit Erbsen und Bohnen, die dem Boden Stickstoff liefern. Das sei dann Futter für Tiere, für Rehe oder Rinder. Oft würde er drei oder vier Wochen vor der Maisernte Klee, Salate und Herbstrüben in den Mais einsäen. »Die beginnen zu keimen, und wenn der Mais weg ist, bekommen sie Licht und werden von der Natur aufgerufen zu wachsen, und im Nu habe ich wieder ein wunderbar grünes Feld, das ich mit den Rindern beweiden kann. Und wenn ich's sein lasse, kommt alles den Bodenlebewesen zugute.« Diese Prinzipien, sagt er, liessen sich auch bei grossen Maisfeldern anwenden.

Monokulturen seien furchtbar. Wenn er sich vorstelle, wie eine Maispflanze mit den Füssen in der Chemie zu stehen und oben durchgespritzt zu werden – unerträglich sei das, gar nicht zu beschreiben. Zudem beuteten Monokulturen den Boden einseitig aus. Und es sei völlig falsch, die Felder im Winter ungeschützt zu lassen. Der Boden könne ausfrieren und Schaden erleiden; die Bodenlebewesen flüchten im Winter, oder sie erfrieren eben. Der Boden muss immer bedeckt in den Winter gehen. Mit rotem Kopf fährt er fort, einige Dezibel lauter als zuvor: »Die moderne Landwirtschaft macht fast alles verkehrt. Die Erde wird ausgelaugt, die Pflanzen werden süchtig gemacht. Der Mensch muss lenkend eingreifen, er hat das Hirn zum Lenken und nicht zum Bekämpfen bekommen, aber er setzt es meist zum Bekämpfen ein: Unkraut bekämpfen, Ungeziefer bekämpfen – so bekämpft man sich ein Leben lang selber.«

Wir verabschieden uns, mit Säcken voller Samen und in bester Laune. Auf dem Heimweg lese ich die Studie des Wirtschaftswissenschaftlers Stefan Rotter. Er verglich den Obstbau auf dem Krameterhof mit einer konventionellen Obstplantage. Der Plantagenanbau sei keineswegs effizienter, schreibt er, brauche aber ein Vielfaches an Energie. Auch Sepp Holzers Schweinehaltung schneidet gut ab. Im konventionellen Mastbetrieb müsse pro Schwein siebzehnmal mehr Arbeit investiert werden als auf dem Krameterhof.

Könnte also Permakultur dazu beitragen, Europas Landwirtschaft aus der Krise zu führen? Eine Antwort darauf ist wohl noch verfrüht. Dass die Industrielandwirtschaft mit ihren Monokulturen einen riesigen Zoll von der Umwelt fordert – kaputte Böden, irrwitziger Wasserverbrauch, drastischer Artenschwund –, wird immer offensichtlicher, da hat Sepp Holzer recht. Das kann nicht ewig so weitergehen. Es braucht einen Umdenkprozess, es braucht viele Sepp Holzers, die Wege aus dieser Monokulturfalle aufweisen.

Sepp Holzer ist ein Pionier, sehr erfolgreich und besessen von seiner Mission. Es mag sein, dass er sich auch selbst mit seinem Eigensinn in die Quere kommt: Er ist ein Einzelkämpfer, der sich mit vielen anlegt, mit Feinden und Freunden. Mit ihm zusammenzuarbeiten sei schwierig, sagen mir verschiedene Vertreter von Bio Austria, dem grossen Biobauernverband Österreichs.

Aber die wirkliche Hürde ist nicht Sepp Holzers Person, sondern dass seine Ideen und Vorschläge so unkonventionell sind, dass selbst vom Biolandbau überzeugte Frauen und Männer zögern, sich mit seinen Ideen anzufreunden. Seine essbaren Wälder, seine mitten im Gras wachsenden Kabisköpfe und Rüben, seine pflügenden Schweineherden – sie stellen alles auf den Kopf, was an Landwirtschaftsschulen gelernt wird und was wir alle als Bilder gewohnt sind. Da wäre ein radikales Umdenken nötig. Welches Chaos! Welch exorbitante Vielfalt! Welch herrliches Durcheinander!

Sebastian und Thankamma Thadathil, Thottipalam (Indien)

Das Heilpflanzenparadies von Kerala

Sebastian und Thankamma Thadathil kultivieren wie Sepp Holzer eine phänomenale Vielfalt an Gewächsen. Ihr Homegarden im südindischen Bundesstaat Kerala ist ein kleines Paradies, hier wachsen Baumfrüchte, Heilpflanzen, Gemüse und Gewürze. Doch im Unterschied zum österreichischen Bauern sind die beiden keine Ausnahmeerscheinungen, keine Einzelkämpfer. Homegardens haben in Kerala eine lange Tradition.

Ich treffe Sebastian am Bahnhof der südindischen Stadt Kozhikode, des vormaligen Calicut. Sein offenes Gesicht und seine kurzen, grauen Haare fallen mir sofort auf. Um die Hüfte trägt er ein geschlungenes Tuch. In einem überfüllten Bus fahren wir drei Stunden bis Thottipalam, ein kleines Dorf tief im Landesinneren. Bei der Ankunft fühle ich mich staubig und verschwitzt, ich bin das schwül-heisse Tropenklima nicht gewohnt.

Seine Frau Thankamma, die mich herzlich begrüsst, trägt einen burgundroten Sari und kleine, goldene Ohrringe. Sie spricht nur Malajalam, die in Südindien am weitesten verbreitete Sprache, so wie alle, die ich während meines Besuches treffen werde. Nur Sebastian ist der englischen Sprache kundig; er wird mein Dolmetscher und Lehrer sein.

Im kleinen Haus meiner Gastgeber ist es angenehm kühl. In der Küche und im Schopf hängen Pflanzen zum Trocknen, auf Gestellen stehen kleine Dosen mit Tabletten, Fläschchen mit Ölen und Salben und PET-Flaschen mit zitronengelber Flüssigkeit. Letzteres sei ein Putzmittel, das darin enthaltene Zimtöl wirke auch gegen Fliegen, sagt Sebastian. Alle Essenzen und Medikamente hätten sie aus einheimischen Pflanzen selbst hergestellt.

Auf der Busfahrt erzählte mir Sebastian zuvor, dass er und seine Frau mit hundert Bauernfamilien eine Gemeinschaft bildeten, die seit Ende der neunziger Jahre von der M. S. Swaminathan Research Foundation unterstützt wird. Die Gemeinschaft versorgt sich grossenteils selbst, alle Mitglieder produzieren biologisch und in Vielfaltskulturen. Es sei eine Art Tauschhandelszone wie in früheren Zeiten, beinahe ohne Geld. Medizinalpflanzen würden gegen Auberginen eingetauscht, Maniok gegen Ananas oder Arbeit. Auf diese Weise hätten sie eine grosse Unabhängigkeit erreicht. Sie seien den Unberechenbarkeiten des Marktes weniger ausgeliefert, sie müssten auch keine Agrochemie zukaufen. Manch eine Familie habe bei ihnen wieder eine Lebensperspektive gefunden.

Nun führt er mich in den Schopf und zeigt auf fünf verschiedene, zum Trocknen aufgehängte Kräuter. Alle hätten fiebersenkende Eigenschaften. Nach dem Trocknen würden sie zu gleichen Teilen gemischt, maschinell pulverisiert und zu Tabletten gepresst, erzählt Sebastian. Von überall her kämen die Leute, um sich mit ihren Medikamenten zu versorgen. Die konventionellen Medikamente seien viel zu teuer, die könnten sich die meisten hier gar nicht leisten. »Als die synthetischen Medikamente aufkamen, gerieten die traditionellen Heilmittel langsam in Vergessenheit. Das grosse Wissen unserer Vorfahren ging beinahe verloren. Das wollen wir ändern. Wir suchen nach alten Rezepten, wir befragen Leute, wir lernen von der Ayurveda-Medizin, besuchen Seminare«, sagt Sebastian. Er, der einst einer Schule für Behinderte vorgestanden hatte, liess sich frühzeitig pensionieren, um sich ganz der traditionellen Pflanzenmedizin und dem Biolandbau zu widmen.

Dazu gehört ihr Homegarden, der sich von ihrem Haus bis zu einem Bach hinzieht und den wir nun besichtigen. Homegarden oder Forestgarden – am besten übersetzt mit Waldgarten – bezeichnet eine Landbewirtschaftung, die sich durch eine grosse Vielfalt auszeichnet, eine Vielfalt auf mehreren Etagen, von hohen Bäumen bis hin zu bodenbedeckenden Gewürzen und Gemüsen. In Sebastians und Thankammas Homegarden bilden Kokospalmen den obersten Stock. Unter ihrem lichten Schatten gedeihen verschiedene Bäume: Papayabäume, ein Jackfruchtbaum mit den riesigen genoppten Fruchtkugeln, ein Jambulbaum, rot getupft von unzähligen kleinen Früchten. Auch etliche Bananenbäume finden sich hier. Sechs verschiedene Sorten habe er gepflanzt, sagt Sebastian. »Diese vor uns mit den noch unreifen, grünen Bananen heisst auf malajalam *ambalakadeli*«, erklärt er mir. »Sie produziert stark parfümierte Bananen. Besonders in hinduistischen Tempelzeremonien ist sie sehr beliebt.« Der Bananenbaum nebenan trägt dunkelrote, dicke Bananen, auch sie sind noch nicht ganz reif. Vom nächsten Baum reicht er mir eine Frucht. Trotz der grünen Farbe ist sie sehr süss, mit einem leichten Apfelgeschmack. Diese aromatische Frucht hat mit unserer langweiligen Chiquita-Banane wahrhaftig nur den Namen gemeinsam!

Ein Stockwerk tiefer gedeiht verschiedenes Untergehölz. Mein Begleiter weist auf einen Hennastrauch, dessen Blätter, zu einer Paste verarbeitet, einen roten Farbstoff produzieren. Daneben finden wir Maniokstäucher, kleine Ananaspflanzen, Zitronenbäume mit gelben Früchten. Auch einige Chilibüsche wachsen hier, solche mit grünen, baumnussgrossen Schoten, andere mit länglichen, fast schon roten Früchten.

Wir folgen dem Weglein zum Bach hin, immer wieder anhaltend, auskundschaftend in diesem mehrstöckigen kultivierten, fruchtbaren Urwald. Die Sonne scheint durch die Kokospalmenwipfel, ein lichtes Farbenspiel in unendlich vielen Grüntönen, unbeschreiblich schön.

Einige Hühner streifen durchs Gebüsch, zusammengehalten von einem aufgeregt krähenden Hahn. Sebastian weist auf den Boden – die unterste Etage – und zeigt mir verschiedene Kräuter und Gemüse. Er gräbt eine kleine Pflanze mit einem dicken unterirdischen Wurzelstock, einem Rhizom, aus. Es ist Kurkuma. Aus dem Rhizom wird das Kurkumapulver gewonnen, das als Currygewürz sehr beliebt ist. Das Pulver wirke zudem als Blutreiniger, Antiwurmmittel und Antiseptikum, erzählt er. Auch Gallensteine könnten mit Kurkuma bekämpft werden. Seide und Baumwolle würden mit dem leuchtendgelben Pulver gefärbt.

An manchen Bäumen ranken Kletterpflanzen empor – hier gleich vor uns ein grosser Pfefferstrauch, der sich um eine Kokospalme windet. Lange Schoten hängen an der Pflanze, die einzelnen Körner gut sichtbar, einige sind bereits rot. Die Körner müssten erst getrocknet werden, das hier sei weisser Pfeffer, erklärt Sebastian. Pfeffer sei zudem eines der besten antibiotischen Mittel in ihrer Medizin. Ich zerkaue ein Korn, die Schärfe treibt mir Tränen in die Augen.

Es wird rasch dunkel, so wie ich das in den Tropen kenne. Das Licht im Bach wechselt von Rosa zu Dunkelviolett, ein schwerer, lasziver Geruch erfüllt die Luft. Wir gehen ins Haus zurück.

Anderntags besuchen wir Sebastians Freund Auviusthy in seinem Homegarden in einem Nachbardorf. Auch hier wächst ein Minitropenwald mit vielen Etagen. Sein Freund Auviusthy, erklärt Sebastian, wisse alles über Pflanzen. Seine Eltern und Grosseltern seien bereits grosse Pflanzenkenner gewesen. Auviusthy selbst habe zwanzig Jahre bei der Post gearbeitet und sei weit herumgekommen. Immer habe er Gärten beobachtet und Leute ausgefragt. »Er ist unser Pflanzenguru«, meint Sebastian. Die nächsten fünf Stunden werden wir damit verbringen, den heilenden Eigenschaften von Kräutern, Blättern, Früchten, Wurzeln und Rinden nachzugehen. Sebastian hat ein dickes Wörterbuch bei sich, um Pflanzennamen vom Malajalam ins Englische oder Lateinische zu übersetzen. Die meisten Bezeichnungen in Malajalam werden wir allerdings nicht übersetzen können.

Wir finden Kräuter und Blätter gegen Atemwegserkrankungen, solche gegen Schlangen- und Skorpiongifte, Nierensteine, Menstruationsbeschwerden, Gelenkschmerzen, Hauterkrankungen, Diabetes oder Geisteskrankheiten, gegen alle erdenklichen Beschwerden. Selbst die einheimische »Viagra«-Pflanze fehlt nicht: *maigurena* auf malajalam oder Juckbohne *(Mucuna pruriens),* in der Ayurveda-Medizin seit über viertausend Jahren bekannt. Die braunen Hülsenfrüchte dürfen nicht berührt werden, sie verursachen Juckreiz. »Selbst Elefanten vermeiden jegliche Berührung mit den Schoten«, meint mein Begleiter. Am Nachmittag machen wir uns auf den Heimweg.

Später kommt eine Frau auf mich zu, mit entsetzlich entstellter Haut und einem Geschwür am Hals. Sie reicht mir einen Zettel, auf dem auf englisch steht, dass sie Krebs habe und sich eine medizinische Behandlung nicht leisten könne. Die Armut ist allgegenwärtig.

Zurück in Thottipalam, sitzen wir am Abend zu dritt um den Küchentisch, vor uns ein Bananenblatt, auf das Thankamma Reis und Currygemüse gehäuft hat. Vor allem die scharfe Kokosnusssauce mit den gerösteten Jackfruchtkernen schmeckt wunderbar. Gegessen wird mit der rechten Hand. Über dem Küchengestell hängt ein gemaltes Portrait von Sebastians Eltern. Neben dem Marienbild an der angrenzenden Wand entdecke ich einen farbenprächtigen Familienstammbaum – von seinen Urgrosseltern bis hin zu den Grosskindern. »In His grace, through generations« (In Seiner Gnade – durch Generationen) steht als Titel darüber. Thankammas Stammeslinie fehlt. Jesus, Maria und die Familie – das sind die Säulen in Thankammas und Sebastians Leben. Beide strahlen eine Zuversicht und Liebenswürdigkeit aus; sie wissen, wohin sie gehören und wozu sie da sind. Ihre überwältigende Gastfreundschaft ist Teil davon.

Am nächsten Tag, auf dem Weg zum Bus, besuchen Sebastian und ich die Bäuerin Akriti. Auch sie kultiviert eine wunderbare Vielfalt an Gemüsen. Sichtlich stolz zeigt sie uns ihren Garten; ich merke, das ist ihr Lebenswerk. Da sind sorgfältig an Bambusstecken hochgezogene Kletterpflanzen, viele verschiedene Arten, solche mit kleinen, grossen, dicken oder fadendünnen Früchten, solche mit glatt schimmernder violetter Haut und solche, die aussehen, als hätten sie Fieberblasen. Von allen kennt sie die Eigenarten und speziellen Verwendungszwecke. Viele dieser Sorten habe sie von ihren Eltern und Grosseltern übernommen, andere habe sie neu gezüchtet, erzählt Sebastian.

Nach meiner Rückkehr in die Schweiz recherchiere ich zu Homegardens. In einem Dossier der Welternährungsorganisation FAO lese ich, dass Homegardens weltweit verbreitet seien, vor allem in feuchten und halbfeuchten Gebieten Asiens, Afrikas und Lateinamerikas. Gerade für Kleinbauern und Kleinbäuerinnen sei die Mannigfaltigkeit der Homegardens von unschätzbarem Wert. Sie gewährten Stabilität und Sicherheit, denn täglich könne etwas geerntet werden. Bei Krankheitsbefall oder Trockenheit fänden sich immer Pflanzen, die resistent seien und Nahrung böten – ein Sicherheitsnetz für Familien mit knappem Einkommen. Viele Homegardens ermöglichten ihren Familien eine weitgehende Autarkie. Zudem seien sie weltweite Refugien einmaliger genetischer Vielfalt. Es folgt eine Auflistung der ökologischen Vorteile: Vielfalt erzeugt fruchtbare Böden, schützt vor Bodenerosion; Pflanzen profitieren von gegenseitiger Hilfe und von der Ausnützung spezieller Nischen. Sie werden weniger von Krankheiten befallen.

Homegardens seien auch wirtschaftlich rentabel. Sie benötigten zwar mehr Arbeit, seien aber dank ihrer Vielfalt meist sehr viel ertragreicher als Monokulturen, schreiben die FAO-Autoren. Studien über Kokosplantagen in Südindien bestätigen dies: Im Vergleich zu einer reinen Monokultur aus Kokospalmen schnellt der Hektarertrag auf beinahe das Dreifache, wenn Kokosbäume zusammen mit Pfeffer und Ananas angebaut werden. Um wieviel ertragreicher muss dann diese wunderbare Vielfalt in Sebastians und Thankammas Homegarden sein!

Und es gibt Hoffnung, dass ihre Art des Bewirtschaftens in Zukunft an Bedeutung gewinnen wird: Im Frühling 2008 erschien der aufsehenerregende Bericht des Weltagrarrates mit dem sperrigen Titel *Internationale Bewertung der Agrarwissenschaft und Technologie für Entwicklung (IAASTD).* Fünf Jahre lang hatten über 400 Wissenschaftlerinnen und Forscher die Fragen zu beantworten versucht: Mit welchen Strategien können Hunger und Armut am effizientesten und auf nachhaltige Weise bekämpft werden? Wie also entfaltet Geld die grösste Wirkung zum Nutzen der Armen? Welche Forschung brauchen wir?

Ihr Fazit: Nötig ist eine radikale Umkehr in der Agrarpolitik und -forschung hin zu einer multifunktionalen Landwirtschaft, die den Erhalt und die Erneuerung der natürlichen Ressourcen und der Artenvielfalt in den Mittelpunkt stellt. Dieses Ziel kann nur in enger Zusammenarbeit mit Kleinbäuerinnen und Kleinbauern erreicht werden.

Es braucht ein Umdenken, weg von chemieabhängigen Monokulturen. Deren Möglichkeiten sind weitgehend ausgereizt. In vielen Gegenden Indiens zum Beispiel sind die Erträge wegen ausgelaugter und erodierter Böden rückläufig. Da kann auch der beste Samen nicht mehr Ertrag bringen. Nötig ist ein Blick auf das ganze System – von der Bodenfruchtbarkeit bis hin zu Bildungs- und Kreditmöglichkeiten für Frauen. Studien zeigen, dass die bei Kleinbauernbetrieben erzielbaren Ertragssteigerungen die Möglichkeiten der industriellen Landwirtschaft um ein vielfaches übersteigen.

Achtundfünfzig Regierungen unterschrieben den Weltagrarbericht im April 2008 in Johannesburg, der von der Weltbank, sechs UN-Organisationen und acht Staaten initiiert worden war. Auch Industrie und Greenpeace waren daran beteiligt. Er ist ein eigentliches Bekenntnis zu einer Landwirtschaft, wie sie Sebastian in Südindien oder Sepp Holzer in Österreich betreiben, und zum Biolandbau allgemein.

Sepp Holzer und Florianne Koechlin

2002 zerstörte ein Sturm am gegenüberliegenden Berghang grosse Flächen der Fichtenmonokulturen; Holzers Mischwälder erlitten kaum Schäden

Einer der 72 Teiche mit reichem Fischbestand; in der Mitte Sepp Holzer

Sebastian (Mitte) und Thankamma Thadathil

IM LABOR

Wilhelm Boland

Günther Witzany

Wilhelm Boland, Jena

Die Limabohne und ihre Bodyguards

Während meiner Besuche bei Bauernbetrieben in Österreich und Indien beeindruckte mich die unglaublich produktive Vielfalt ihrer Kulturen. Es ist offensichtlich, dass das Potential der Pflanzenwelt unterschätzt worden ist. Auch die einzelne Pflanze ist von der Wissenschaft bisher unterschätzt worden. Doch nicht von allen: Wilhelm Bolands Forschungsgebiet ist die Pflanzenkommunikation. Er forscht und lehrt am Max-Planck-Institut für chemische Ökologie in Jena.

Wir treffen uns um neun Uhr morgens auf dem Ernst-Haeckel-Platz in Jena. Der jovial wirkende Professor lädt mich in seinen BMW, und wir fahren zum Institut, einem hellen, grossen Gebäudekomplex auf der grünen Wiese ausserhalb der Stadt. Jena, erzählt mir Wilhelm Boland unterwegs, sei eine Universitätsstadt mit fast 28 000 immatrikulierten Studierenden.

In seinem Büro giesst er uns einen Kaffee ein. Pflanzen, sagt er, besässen ein grosses Repertoire unterschiedlicher Düfte. Sie gebrauchten diese, um mit ihresgleichen und mit der Umwelt zu kommunizieren. »Bisher kennen wir über tausend Duftstoffverbindungen, es können auch mehr sein.« Er sieht mein Staunen und relativiert: »Die kommen aber nicht alle in einer Pflanze vor. Es gibt einen Grundstock von fünf bis zehn chemischen Duftstoffverbindungen, die allen Pflanzen gemein sind. Jede Pflanze kann zusätzlich eine grosse Zahl an Spurenkomponenten herstellen.« Könnte man also sagen, dass es eine pflanzliche Grundsprache gibt und dazu viele Dialekte kommen, die für jede Pflanzenart charakteristisch sind? Wilhelm Boland lacht. Das sei vielleicht etwas übertrieben, aber ja, so könne man das sehen. Wichtig sei, fährt er fort, wie und in welchen Mengen die Duftstoffe miteinander vermischt werden. Die verschiedenen »Dialekte« ergeben sich also durch leicht unterschiedliche Rezepturen der chemischen Duftmoleküle.

Was aber sagen sich Pflanzen, frage ich, welche Informationen werden da mit Hilfe von Duftstoffen ausgetauscht? Das erklärt der Forscher anhand der Limabohne, deren erstaunliche Kommunikationsfähigkeiten in seinem Labor untersucht werden. Wenn eine Raupe an einem Blatt zu fressen beginnt, passiert vielerlei: Bereits die mechanische Beschädigung setzt eine Duftstoffwolke frei. Diese warnt die ganze Pflanze vor der drohenden Gefahr; alle Blätter beginnen mit der Produktion von Abwehrstoffen. Das Duftstoffgemisch sei eine Art »Expresshighway« der Information, meint Wilhelm Boland, es ermögliche eine blitzschnelle Informationsverbreitung. Auch Nachbarpflanzen verstehen die Botschaft und beginnen mit Abwehrmassnahmen.

»Das ist nur die erste Abwehrstrategie«, sagt er, »weitere folgen sogleich. Nach drei bis vier Stunden produziert die Limabohne ein neues Duftbouquet, mit dem sie gezielt einen Nützling herbeilocken kann, der den Frassfeind bekämpft. Sie ruft also quasi ihren ›Bodyguard‹. Hochinteressant ist nun, dass die Limabohne nicht nur mitteilen kann, dass sie verletzt ist, sie sagt auch ganz genau, wer sie verletzt hat.« Bei Spinnmilbenbefall locke die Limabohne mit speziellen Düften Raubmilben herbei, welche die Spinnmilben fressen. Wird sie von Raupen angegriffen, sendet sie eine etwas andere Parfumvariation aus, die Schlupfwespen anzieht. Diese legen ihre Eier in die Raupen. Aus den Eiern schlüpfen Wespenlarven, welche die Raupen von innen her auffressen.

Woran aber merkt die Limabohne, dass sie von einer Spinnmilbe angegriffen wird und nicht von einer Raupe? Das erkenne sie am Speichel der Insekten, sagt der Forscher. »Wir kennen inzwischen zahlreiche chemische Verbindungen des Insektenspeichels, anhand deren die Pflanze genau feststellen kann, um welchen Feind es sich handelt.«

Die Pflanze »schmeckt« also am Speichel, wer gerade dabei ist, an ihr zu fressen. Dann produziert sie den Duftstoff, der den passenden »Bodyguard« anlockt. Ein grossartiges Kommunikationskunststück!

Die Limabohne besitze noch eine weitere elegante Abwehrstrategie, erzählt Wilhelm Boland. Gleich nach einem Angriff produziere sie in den Ansatzstellen zwischen Stengel und Blattstiel Nektar. Üblicherweise wird Nektar nur in den Blüten gebildet, um Bestäuber anzulocken. Der Extranektar in diesen Ansatzstellen zieht patrouillierende Ameisen an. Diese sind ausgezeichnete Verbündete: Sie machen Jagd auf viele Frassfeinde – etwa Raupen, kleine Käfer und andere Insekten. Ameisen sind Generalisten. Als Belohnung erhalten sie Nektar.

Die Pflanze besitzt also ein ganzes Arsenal an Abwehrstrategien. Versagt eine Strategie, nutzt sie eine andere. »Ihr Geheimrezept ist die Vielfalt«, sagt Wilhelm Boland, »und das ist auch nötig. Sie können auf diese Pflanze fast jeden

Frassfeind setzen – er beginnt zu fressen. Nur Läuse lieben sie nicht, wir wissen nicht, warum.«

Pflanzen betreiben auch unter der Erde eine intensive Kommunikation. Sie reden miteinander und mit Pilzen, Bodeninsekten und Bakterien. Für die Verständigung gebrauchen die Gewächse chemische Botenstoffe, die in Wasser aufgelöst sind und mit diesem weit verbreitet werden.

Von Waldbäumen weiss man, dass ihre Wurzeln mit den Wurzelpilzen, den sogenannten Mykorrhizen, ein riesiges unterirdisches Kommunikationsnetz bilden, eine Art WWW – Wood Wide Web. Dieses WWW ist mindestens ebenso gross wie das Volumen des Waldes über der Erde.

Was aber teilen sich Pflanzen sonst mit, ausser dass sie sich warnen und Nützlinge anziehen? Da gebe es natürlich die Duftstoffkommunikation mit den Bestäubern, meint Wilhelm Boland. Pflanzen könnten sich zudem gegenseitig im Wachstum fördern oder hemmen, auch dazu würden sie die Duftsprache benutzen.

Bekanntes Beispiel ist der Wüstensalbei. Um diese Pflanze herum gibt es immer einen fast pflanzenleeren Raum. Der Wüstensalbei hindert andere Pflanzen am Wachsen, und zwar mit Hilfe eines speziellen Duftstoffgemisches, das gut untersucht ist. Darin enthalten sind Methyljasmonate und Jasmon sowie kurzkettige, ungesättigte Ketone. Diese Duftstoffe, die auch in der Parfumindustrie verwendet werden, haben je nach Zusammenhang eine unterschiedliche Bedeutung: Mal regen sie die Pflanzen zur Abwehr an, mal dienen sie dazu, Nachbarpflanzen vor einer Raupeninvasion zu warnen. Hier aber setzt der Wüstensalbei sie ein, um das Wachstum anderer Pflanzen zu behindern.

»Der Punkt ist«, sagt Wilhelm Boland, »dass dieselbe Duftstoffvokabel bei einer anderen Pflanze in einem anderen Kontext eine ganz andere Funktion haben kann.« Nach einer Pause meint er: »Es ist beliebig kompliziert, wie eigentlich immer. Und wir sind erst ganz am Anfang.« Nochmals eine Pause, dann sagt er: »Pflanzen strukturieren ihre Umwelt mit Hilfe von Duftstoffen und Kommunikation.«

Ein Satz ist das, so trocken formuliert, er bleibt in der Luft hängen. Ich schaue aus dem Fenster, auf einen kleinen Wald. Jeder dieser Bäume strukturiert also seine Umgebung mit Duftstoffen und wird selbst von anderen strukturiert, jeder Baum lebt in einem hochdynamischen, komplexen Kommunikationsnetz. Jeder Baum wird durch Kommunikation zu dem, was er ist.

Der Forscher unterbricht mein Sinnieren. Interessant sei auch, sagt er, dass Wildpflanzen im allgemeinen über ein grösseres Vokabular verfügten als gezüchtete. So produzierten wilde Baumwollpflanzen zehnmal so viele Duftstoffe wie gezüchtete. Nutzpflanzen sind über Jahrhunderte auf grossen Ertrag hin gezüchtet worden. Man achtete nicht auf die Kommunikationsfähigkeit einer Pflanze. Die ging oft verloren. »Doch vielleicht ergibt es für das Ökosystem Sinn, auf solche Kommunikationswege zurückzugreifen. Vielleicht haben wir mit dem System riesiger Monokulturen einen Kardinalfehler begangen – da ist die Duftproduktion gänzlich überflüssig geworden. Doch es könnte sich bei der Züchtung von Pflanzen lohnen, darauf zu achten, dass ihre Verteidigungsstrategien nicht auf der Strecke bleiben. So liesse sich der Einsatz von Schädlingsbekämpfungsmitteln reduzieren.«

Ich muss natürlich sofort an Sepp Holzer denken, der vehement dafür plädiert, dass Pflanzen selbständig und robust sein müssten, und sagt, die besten Samen stammten von Pflanzen auf den schlechtesten Böden. Ich erinnere mich an seine Tiraden gegen grossflächige Monokulturen, die kränkliche Pflanzen hervorbringen würden. Ganz abhängig von der Chemie seien diese, geradezu süchtig. Nun erhält Sepp Holzer von seiten der modernen Wissenschaft unerwartete Schützenhilfe: Monokulturen, so hat es den Anschein, produzieren nicht nur schwächliche Pflanzen, sie torpedieren auch all die Kommunikationsnetze, mit deren Hilfe sich Pflanzen verteidigen können.

Wilhelm Bolands Sekretärin klopft an, sie möchte ihn wegen wichtiger Telefonate unbedingt sprechen; das ganze Büro ist mitten in der Vorbereitung eines grossen Kongresses. Ich fühle mich etwas fehl am Platz. Wilhelm Boland beruhigt sie, verspricht, sich um die Angelegenheit zu kümmern, und ich frage ihn, wie denn die Duftstoffkommunikation auf der Ebene der Zellen funktioniere. Wie zum Beispiel »riecht« eine Pflanze? »Das wissen wir nicht«, meint er. »Wenn wir eine Limabohne einer bestimmten Duftstoffwolke aussetzen, können wir in den Blättern elektrische Reize messen. Auch beginnt sie sogleich, zwischen Stengel und Blattstielen Nektar zu produzieren. Sie zeigt also eine Reaktion. Doch da ist unser Wissen bereits zu Ende. Wir haben keine Vorstellung davon, wie eine Pflanze ›riecht‹.«

Er nimmt mich mit in sein Labor und zeigt dort auf eine kleine Apparatur. Das sei eine »elektronische Nase«, die geringste Duftstoffspuren registrieren und analysieren könne. Er sei im Internet auf dieses Instrument gestossen, das in den USA in der Drogenfahndung und bei der Minensuche eingesetzt werde. Mit seiner Hilfe könnten sie die komplexen Parfummixturen der Limabohne und anderer Pflanzen analysieren. Daneben steht eine »mechanische Raupe«, der MecWorm. Computergesteuert stanzt der Raupenroboter kleine Löcher in ein Limabohnenblatt. Mit diesem Gerät könnten sie einen Raupenfrass unter kontrollierten Bedingungen simulieren. Das Limabohnenblatt ist in einem kleinen Behälter eingeschlossen, dessen Luft abgesaugt und von der elektronischen Spürnase analysiert wird. »Mit dieser Apparatur haben wir Einzelheiten für den ›Expresshighway‹ der Information entdeckt«, sagt Wilhelm Boland.

Während Raupen an einem Blatt fressen, haben die Forscher dessen elektrische Reize gemessen. Dabei sei herausgekommen, dass das Blatt gleich zu Beginn der Verletzung sein elektrisches Potential ändere. Messbar sei eine Depolarisationswelle über das ganze Blatt: Es komme zu einem »Stromausfall« in den Pflanzenzellen. Das bewirke vermutlich, dass viele Reaktionen auf Zellebene nicht mehr stattfinden können. »Vielleicht ist das eine Art Betäubungseffekt«, meint der Forscher.

Könnte das bedeuten, dass Pflanzen so etwas wie Schmerzen empfinden, die auf diese Weise betäubt werden? »Das wissen wir nicht. Wir wissen nur, dass es solche Phänomene gibt, aber wir können sie nicht deuten.« Das wiederholt er einige Male, seine Stimme wird lauter. »Wir wissen überhaupt nicht, ob es eine Schmerzempfindung gibt. Auf diesem Gebiet wurde enorm viel Unfug betrieben. Wenn jemand behauptet, Pflanzen hätten Schmerzen oder eine Seele oder weiss der Teufel was – so ist das unseriös. Das ist auch gefährlich, denn unter keinen Umständen darf unsere Forschung einen Anklang an Esoterik bekommen. Wenn das passiert, ist das Forschungsgebiet tot, das ist gar keine Frage. Man muss sehr sorgfältig darauf achten, dass man sich davon völlig fernhält. Wir versuchen hier, mit klarer wissenschaftlicher Sprache Phänomene aufzuzeigen und mögliche Verbindungen zu diskutieren. Das hat nichts mit Esoterik, mit Gefühlsduselei zu tun: das gibt es bei Pflanzen nicht.«

Dennoch kann die Frage, ob Pflanzen Schmerzen empfinden, nicht beantwortet werden. Ausgeschlossen ist es also nicht? »Vielleicht. Doch wer etwas empfindet, braucht eine zentrale Auswertstelle. Bei uns ist dies das Gehirn. Erst das macht die Empfindung Schmerz für uns wahrnehmbar und interpretierbar. Computer hingegen können auch Auswertungen machen, ohne dass sie dabei etwas empfinden. Nach meiner Auffassung ist eine Pflanze ein programmiertes System, bei dem die Antworten schon eincodiert sind. Die ganz schnellen Reaktionen finden bei der Pflanze auf der Zellebene statt, und zwar bei den Zellmembranen, welche die Zellen umgeben. Da kommt es auch zu elektrophysiologischen Veränderungen. Von diesen Zellmembranen muss es irgendeine Verbindung zum Stoffwechsel hin geben. Das führt zur Herstellung neuer chemischer Verbindungen. Eine Pflanze ist also ein Automat im weitesten Sinne.« Ein Automat? »Auch bei einem Automaten gibt es Aktionen und Interaktionen, die mit sinnvollen Programmen koordiniert werden.« So könne man sich die Pflanze vorstellen, als eine Art Automat. Sie brauche gar keine Kontrollinstanz zur Koordination der biochemischen Aktivitäten.

Am Fenster des Labors stehen einige Limabohnen in kleinen Töpfen. Das grosse Blatt einer Pflanze hat ein Loch. Da sei gerade MecWorm am Werk gewesen, meint Wilhelm Boland. Ich fotografiere sie.

Beim anschliessenden Rundgang durch die Gewächshäuser, am anderen Ende des Gebäudekomplexes, spazieren wir vorbei an langen Reihen mit Limabohnen und kommen zu Akazienbüschen. Ihre harten, manchmal fingerlangen Dornen sehen gefährlich aus. »Darin wohnen Ameisen«, sagt Wilhelm Boland. »Viele Akazienarten produzieren Nektar an den Blatträndern – Sie sehen es hier ganz deutlich, diese klebrige Spur –, um patrouillierende Ameisen anzulocken, ähnlich wie Limabohnen. Die Ameisen attackieren dann die Frassfeinde der Akazien: Insekten, Raupen, aber auch grössere Pflanzenfresser. Interessant ist nun, dass die Akazie Nektar in verschiedenen Rezepturen anbieten kann.« Einige Akazienarten stellten Nektar her, der reich an Rohrzucker sei – eine bei vielen Ameisen beliebte Nahrungsquelle. Sie locken damit beliebige Ameisenscharen aus ihrer Umgebung an, wenn sie gerade angegriffen werden. Andere Akazienarten halten sich spezialisierte Ameisen als »Dauerbewohner«. Sie bietet »ihren« Insekten einen speziellen Nektar an, der ihnen besonders gut bekommt, denn diese Ameisen können Rohrzucker nicht verdauen. »Rohrzucker ist für sie so unverträglich wie Milchzucker für manche Menschen«, sagt der Wissenschaftler. »Für diese Tiere produziert die Akazie einen rohrzuckerfreien Nektar. Im Nektar gibt es ein Verdauungsenzym, das den Rohrzucker aufspaltet. Die Ameisen erhalten also quasi vorverdauten Nektar. Ist das nicht genial?« Seine Begeisterung ist ansteckend.

Zurück im Büro, habe ich eine letzte Frage: Reden Sie mit Ihren Topfpflanzen hier im Büro? Er antwortet kurz und leicht irritiert; ich hatte es nicht anders erwartet. »Ach was, ich füttere sie mit Wasser, das ist alles. Ich komme von einem Bauernhof; ich weiss, wie man mit Pflanzen umgeht, das hat überhaupt keinen Einfluss auf das Verhältnis zu Pflanzen. Sie sind spannende Lebewesen, die reagieren und agieren können. That's it.«

Günther Witzany, Salzburg

Von Duftvokabeln und Zeichen

Auf Günther Witzany werde ich durch einen wissenschaftlichen Artikel über Pflanzenkommunikation aufmerksam. Darin untersucht er die raffinierten Mechanismen, mit deren Hilfe sich Pflanzen verständigen können. Der studierte Philosoph und Sprachwissenschaftler ist kein »Labormensch«, er bezeichnet sich vielmehr als Biosemiotiker.

Biosemiotik – so lautet der Name einer noch jungen Wissenschaftsdisziplin. Sie untersucht, wie Pflanzen, Zellen oder auch Gene miteinander kommunizieren. Biosemiotik kann übersetzt werden mit »Wissenschaft der Lebenszeichen«, denn *bios* heisst auf griechisch Leben und *semeion* Zeichen oder Signal. Sie versteht das Leben als andauernden Kommunikationsprozess, und dazu bedarf es eines Systems von Zeichen. Es gibt riechbare, sichtbare, hörbare Zeichen ebenso wie chemische Botenstoffe, elektrische und mechanische Reize. Immer geht es um die Bedeutung und Interpretation solcher Zeichen.

Ich treffe Günther Witzany im ehrwürdigen Café Tomaselli, mitten in der Altstadt von Salzburg. Im ersten Stock des Cafés ist es ruhig, dort wartet er bereits auf mich, vor sich einen Hagebuttentee. Er begrüsst mich freundlich, sein schmales Gesicht ist braungebrannt.

Ich falle gleich mit der Tür ins Haus und frage ihn, was Kommunikation bedeutet. »Kommunikation ist ein komplexer Vorgang«, meint Günther Witzany. »Aus der Sprachwissenschaft wissen wir, dass Kommunikation nie bloss ein Austausch von Zeichen oder Signalen ist. Nehmen wir als Beispiel eine Tomatenpflanze: Wenn sie von Raupen angegriffen wird, sendet sie den Duftstoff Methyljasmonat aus und warnt damit ihre Nachbarinnen. Eine solche Nachbartomate aber lebt inmitten einer vielfältigen Duftwolke. Wenn der Duftstoff Methyljasmonat neu dazukommt, muss sie ihn aus dem grossen Duftgemisch erkennen und von anderen unterscheiden können. Sie muss sodann interpretieren können, dass die Duftvokabel höchste Gefahr bedeutet. Erst jetzt ist sie gewarnt und beginnt, Stoffe zu produzieren, die ihre Blätter für die Raupen ungeniessbar machen.«

Kommunikation, fährt er fort, bedinge eine hochdifferenzierte Auseinandersetzung des Individuums mit seinen Partnern und der Umwelt. Dabei würden die Beteiligten einen Grundstock an Zeichen teilen, in deren Verwendung sich alle auskennen. Sie teilten auch einen Grundstock an Regeln, mit deren Hilfe die Vokabeln entziffert werden können.

Er nippt nachdenklich an seinem Tee, während eine Kellnerin mit weisser Haube und Schürze ein Kuchentablett vorbeibringt, mit Gugelhupf, Rouladen, Schnecken, Sandkuchen – einem warmen Apfelstrudel und dem Vanilleduft kann ich nicht widerstehen. Günther Witzany fährt fort: »Für jede Kommunikation braucht es drei Arten von Regelebenen. Als erstes kommt die Syntax. Sie bestimmt die korrekte Reihenfolge der Zeichen. Sie enthält die Regeln, wie die Zeichen miteinander richtig kombiniert werden. Bei Buchstaben ist das ja auch wichtig: ›Wasser‹ verstehen wir, ›Awerss‹ hingegen nicht, da stimmt die Reihenfolge der

Kombination nicht. Die zweite Ebene enthält pragmatische Regeln. Da spielt die unmittelbare Umgebung eines Individuums, seine konkrete Lebenssituation also, eine Rolle. Was ein Signal bedeutet, hängt immer auch von der Situation ab, in der es gebraucht wird.«

»Auf der dritten und letzten Ebene«, fährt Günther Witzany fort, »geht es um die Semantik: Was bedeutet ein bestimmtes Zeichen für einen Zeicheninterpreten? Was ist sein Sinn? Die Buchstabenreihenfolge W-a-s-s-e-r wird durch die Syntax festgelegt. Dank unserer Semantik wissen wir: Das bedeutet Wasser, die Flüssigkeit im Glas vor mir. Und die Tomatenpflanze interpretiert aufgrund ihrer semantischen Regeln, dass das Zeichen Methyljasmonat drohende Raupeninvasion bedeutet.«

Er fügt gleich noch ein Beispiel dafür an, wie ein Zeichen von seiner Umgebung abhängig ist und selbst innerhalb der gleichen Gruppe zu Missverständnissen führen kann. Der österreichische Bienenforscher Karl von Frisch hatte einmal einen Bienenstock vom österreichischen Wolfgangsee mit einem italienischen Stock zusammenlegt. Da kam es zu Streit und hellem Aufruhr. Der Bienenforscher wusste bald den Grund: Die in der Tanzsprache der Wolfgangsee-Bienen mitgeteilte Entfernung und Richtung einer guten Futterquelle bedeutete für die einheimischen Bienen 300 Meter, für die italienischen Bienen hingegen 500 Meter Entfernung. Nachdem diese dort nichts gefunden hatten und zurückgeflogen waren, reagierten sie aggressiv auf die »falsche« Mitteilung. Für die einheimischen Bienen war sie jedoch korrekt. Günther Witzany sagt: »Die Äusserung – der Bienentanz also – war syntaktisch die gleiche, nur der

Kontext, in dem die Bienenvölker die Bedeutung dieser Tanzzeichen konkret erlernt hatten, war ein anderer.«

Ich erzähle Günther Witzany von meinem Besuch bei Wilhelm Boland. Eine Pflanze, meinte der Jenaer Professor, sei im wesentlichen eine Art Automat, der antworten und reagieren könne, eine Art programmiertes System, bei dem die Antworten schon eincodiert seien. Günther Witzany widerspricht vehement: »Ein Automat führt programmierte Schritte aus, die den Eindruck von Kommunikation erwecken. Doch über diese Programmierung hinaus funktioniert er nicht. Auf Unvorhergesehenes, auf Nichteinprogrammiertes also, kann er nicht reagieren. Das ist der zentrale Unterschied: Kommunikation ermöglicht es einer Pflanze, mit neuen, nichtberechenbaren Situationen umzugehen.« Er erklärt, dass Automaten nur die erste Ebene der Kommunikation, die Syntax also, beherrschten. »Doch die zwei anderen Ebenen sind *immer* mitbeteiligt. Wie findet die Pflanze das richtige Zeichen, wie erfasst sie dessen Sinn? Kommunikationsprozesse erfordern, dass die Partner einander ›zuhören‹, dass sie ›antworten‹ und ihre Aktivitäten koordinieren. Die Partner müssen ständig zwischen verschiedenen Möglichkeiten wählen und Entscheidungen treffen.«

Kommunikation, sagt er nach einer Pause, sei eine Form sozialen Handelns. Ohne Gemeinschaft gehe das nicht. Die Verwendung von Duftvokabeln, Zeichen, Codes, Regeln oder Sprachen sei keine Fähigkeit, die ein Individuum allein entwickeln oder nutzen könne. Sie werde nur als Kompetenz eines Gemeinschaftsgeschehens erworben, ein Gemeinschaftsgeschehen eigenständig handelnder Individuen also. Das spreche ebenfalls gegen die Vorstellung, Pflanzen seien Automaten. Automaten könnten auch ohne Umwelt existieren, Pflanzen nicht. Sie seien Gemeinschaftswesen, eingebunden in ein dynamisches Beziehungsgeflecht.

Von draussen dringt der Lärm spielender Kinder zu uns, und der Biosemiotiker bemerkt: »Pflanzen waren in der Evolution unglaublich erfolgreich, und sie sind es noch heute. Sie sind die jüngsten Lebewesen dieser Erde. Die ersten höheren Landpflanzen entstanden vor rund 400 Millionen Jahren. Etwa neunundneunzig Prozent der gesamten Biomasse bestehen heute aus Pflanzen, davon sind über achtzig Prozent Bäume. Sie sind mit Abstand die geschmeidigsten, die anpassungsfähigsten Lebewesen dieses Planeten. Ohne ein hochdifferenziertes Kommunikationssystem wäre das nie möglich gewesen.«

Wir verabschieden uns. Die alten Thonet-Stühle knarren beim Aufstehen, und die Kristalleuchter verbreiten ein warmes Licht.

František Baluška und Dieter Volkmann, Bonn

Pflanzen brauchen keine Nerven

Pflanzen kommunizieren auf vielerlei Weise miteinander, aber nicht nur das. Sie registrieren Schwerkraft, Licht, Wasser, Temperatur, Mineralien, Duftstoffe und anderes. Und sie reagieren auf diese Signale: Sie ändern zum Beispiel ihr Wachstum oder die Anzahl der Blätter oder den Zeitpunkt der Blüte. Viele Forscher und Wissenschaftlerinnen sind heute überzeugt, dass Pflanzen ein Erinnerungsvermögen haben und aus Erfahrungen lernen können. Einige mutmassen gar, dass es pflanzliche Strukturen gibt, die ähnliche Funktionen ausüben wie unser Nervensystem.

2005 fassten sich der Zellbiologe František Baluška vom Institut für Zelluläre und Molekulare Botanik der Universität Bonn und der Florentiner Elektrophysiologe Stefano Mancuso ein Herz und gründeten die Gesellschaft für Pflanzenneurobiologie, die dafür sorgen will, dass diesem Feld endlich der gebührende Platz auf der Forschungsagenda eingeräumt wird.

Neurobiologie? Natürlich haben Pflanzen kein Nervensystem, dessen sind sich die beiden Pioniere durchaus bewusst. Doch ist schon lange bekannt, dass es bei Pflanzen neben den gut erforschten chemischen Botenstoffen auch sogenannte elektrische Aktionspotentiale gibt. Es ist denkbar, dass diese der internen Informationsübertragung dienen, ähnlich wie in den Nerven der Tiere und Menschen.

Ich bat František Baluška um ein Interview. Er schlug

vor, dass wir uns zu dritt treffen, zusammen mit seinem Kollegen Dieter Volkmann. An einem milden Dezembertag besuche ich sie im Bonner Institut, an dem beide eine Forschungsgruppe leiten.

Das Institut ist ein nüchterner Bau, in den Gängen hängen Plakate mit wissenschaftlichen Erklärungen und Tabellen. František Baluška führt mich ins Sitzungszimmer. Wir machen es uns auf den orangefarbenen Stühlen bequem, und bald stösst Dieter Volkmann zu uns. Er ist der ältere, distinguiert, mit weissem Haar und freundlichen Augen. František Baluška trägt T-Shirt und offenes Hemd, er macht eher den Eindruck eines Draufgängers.

Seit zwanzig Jahren untersuchen die beiden, wie die interne Pflanzenkommunikation funktioniert. Wie zum Beispiel vermitteln Wurzeln Botschaften an die Blätter? Dieter Volkmann erzählt, dass das Wurzelwerk eng mit dem Blattwerk oberhalb der Erde korreliere. So wüssten alle Blätter zu jeder Zeit, was in den Wurzeln passiere, und umgekehrt. Das sei zum Beispiel für die Regulierung des Wasserhaushaltes wichtig. Haben die Wurzeln viel Wasser, signalisieren sie den Blättern hoch oben im Grünen, ihre Spaltöffnungen zu öffnen, damit Wasser verdunsten kann. Bei Trockenheit bedeuten sie den Blättern, die Spaltöffnungen zu schliessen. Spaltöffnungen sind kleine, regulierbare Öffnungen, die meistens auf der Blattunterseite liegen.

Pflanzen, fährt František Baluška fort, könnten noch viel mehr. »Sie haben vermutlich mehr Sinne, also mehr Sensoren als wir Menschen, oder besser: als von Menschen und Tieren bekannt ist. So können sich Pflanzen offenbar wie Vögel in Magnetfeldern orientieren. Auch elektrische Felder benutzen sie zur Orientierung.« Dieter Volkmann fügt an, er habe zwanzig Jahre zuvor in einem Interview gesagt, dass Pflanzen riechen, schmecken, sehen und hören könnten. Das habe damals einen Riesenaufruhr provoziert. Doch inzwischen sei vieles bestätigt worden.

Können sie tatsächlich hören? Pflanzen, die mit Musik von Mozart besser wachsen – gerät man da nicht in esoterisches Fahrwasser? František Baluška nickt. Man müsse vorsichtig sein. Doch Pflanzen seien für jede Art mechanischer Reize empfindlich. Unsere Sprache oder Musik verursachten offenbar genug starke Druckwellen, um die Pflanzenmembranen auf irgendeine Art zu reizen. »Pflanzen nehmen die Frequenzen der Töne wahr, sie hören eine Bach-Sonate aber kaum als Musik. Es ist gut möglich, dass solche Frequenzen Einfluss auf das Wachstum haben. Obwohl das von der Wissenschaft immer noch nicht gern gesehen wird.« Dieter Volkmann nennt gleich ein ähnliches Beispiel: Als vor rund zwanzig Jahren einige Forscher behaupteten, Pflanzen reagierten auf Streicheln, galt das als abwegig. Sie streichelten Sonnenblumenkeimlinge jeden Tag einige Male und beobachteten, dass die Pflanzen dickere und kürzere Stengel bildeten. »Heute wissen wir, dass die Berührungen gewisse Gene aktivieren. Sie heissen Touch Genes, also Berührungs-Gene. Das geht sehr schnell. Sind die Touch Genes erst einmal aktiviert, ändert sich das Wachstum der Pflanze; ihr Stengel wird dicker. Das hat nichts mit Esoterik zu tun«, sagt Dieter Volkmann.

Doch haben Pflanzen tatsächlich eine Art Nervensystem? Ist der Begriff Pflanzenneurobiologie angebracht? Die Neurobiologie von Tier und Mensch umfasst drei Bereiche: die

Sinneszellen, die Nervenzellen und das Gehirn. Wer sich den Finger verbrennt, zieht ihn sofort zurück und verspürt stechenden Schmerz. Die Sinneszellen an der Fingerkuppe registrieren die plötzliche Hitze und wandeln die Information in elektrische Aktionspotentiale um. Nervenzellen leiten diese in Sekundenbruchteilen in das Rückenmark und das Gehirn. Dort werden aus den elektrischen Impulsen biologische Antworten generiert: einerseits der Befehl an die Muskelzellen, den Finger zurückzuziehen, andererseits die Schmerzempfindung. Das Nervensystem ermöglicht also blitzschnelle Reaktionen.

Bei Pflanzen seien in den letzten Jahren viele analoge Mechanismen gefunden worden, sagt František Baluška. Doch es ist unbestritten: Nerven haben sie keine. Wie reicht die Pflanze elektrische Aktionspotentiale weiter? Der gebürtige Slowake erklärt: »Im Stengel und in den Wurzeln einer Pflanze stehen die Zellen röhrenförmig und geordnet übereinander. Sie sind stabil und verlaufen immer in eine Richtung: von oben nach unten oder von links nach rechts. Das ist nicht so ein Durcheinander wie in tierischem oder menschlichem Gewebe, wo es keine richtige Ordnung oder fest zusammenhängenden Domänen gibt. Darüber hatte man bisher nicht viel nachgedacht.« Die beiden Forscher vermuten, dass die Aktionspotentiale entlang diesen Röhren, den Zellreihen, geleitet werden. Elektrophysiologische Messungen von Stefano Mancuso in Florenz hätten dies bestätigt. »Pflanzen brauchen also gar keine Nervenzellen, um elektrische Impulse weiterzuleiten«, sagt František Baluška und sieht mich herausfordernd an, beinahe trotzig. Sogleich unterstützt Dieter Volkmann seinen Kollegen. In den letzten Jahren, sagt er, seien viele Moleküle bei Pflanzen entdeckt worden, die unseren Neurotransmittern ähneln. Das sind chemische Moleküle, die die Signalübermittlung zwischen einer Nervenzelle und ihren Nachbarinnen regeln – das kann eine Nerven-, eine Sinnes- oder eine Muskelzelle sein. Fast alle Neurotransmitter, die man von Tieren oder Menschen her kennt, hat man auch in Pflanzen gefunden. Pflanzen produzieren zudem viele Substanzen, die Nervenzellen direkt beeinflussen können – wir kennen sie als Drogen wie Cannabis, Nikotin oder Koffein. Man hat lange Zeit geglaubt, diese chemischen Moleküle dienten der Pflanze vor allem zur Abwehr von Schädlingen. Doch neuere Untersuchungen legen nahe, dass sie auch für die Regulierung wichtiger Pflanzenprozesse eine Rolle spielen.

Ein Gehirn sucht man bei Pflanzen natürlich vergebens. »Das brauchen sie auch nicht«, sagt František Baluška. »Sie haben einen diffusen Kommandobereich, der Reize von aussen wahrnimmt, darauf reagiert und sich immer wieder auf Neues einstellt. Wir glauben, dass Bereiche nahe den Wurzelspitzen dabei eine wichtige Rolle spielen. In der Wurzelspitze selbst befinden sich viele Sinneszellen. Doch gleich anschliessend folgt eine Zone, deren Zellen sich weder teilen noch strecken – das ist ungewöhnlich. Diese Zellen aber sind besonders aktiv. Stefano Mancuso hat Pflanzen einem Stress ausgesetzt und dabei in der ganzen Pflanze elektrische Strömungen gemessen. Gleich hinter der Wurzel, in dieser Zone also, hat er die höchste Aktivität registriert. Das war eindeutig«, meint er und fügt an, dass auch im menschlichen Gehirn bei Stress in den jeweils dafür verantwortlichen Regionen höchste Aktivität verzeichnet werde.

František Baluška geht an den Computer auf dem Nebentisch und zeigt mir auf dem Bildschirm eine Maispflanze mit ihrem riesigen Wurzelwerk: Tausende kleine Wurzelspitzen bilden ein undurchdringliches Netz, viel voluminöser, viel breiter und grösser als der Maisstengel oberhalb der Erde. Jede einzelne der feinen Haarwurzeln habe eine solche Zone, die wahrscheinlich gehirnähnliche Funktionen wahrnehme, sagt Dieter Volkmann. Alle zusammen bildeten – er scheut vor dem Begriff nicht zurück – das »Gehirn« der Pflanze. »Dafür spricht auch, dass das ganze System von sich weiss, wie gross es ist, ob es genügend Wasser hat und in welcher Umgebung es lebt.«

So können Wurzeln auch auf geheimnisvolle Weise zwischen Selbst und Nicht-Selbst unterscheiden. Sie achten während ihres Wachstums darauf, anderen Wurzeln der eigenen Pflanze nicht zu nahe zu kommen. Die Wurzeln einer erwachsenen Erbsenpflanze konkurrieren also nicht miteinander. Wird aber ein Erbsenkeimling der Länge nach aufgetrennt, so dass zwei genetisch identische Pflanzen entstehen, erkennen die Wurzeln der einen Pflanze diejenigen des »Zwillings« bald als Nicht-Selbst und beginnen vermehrt Wurzeln in dessen Bereich hineinwachsen zu lassen. Forschende vermuten, dass die Pflanze bisher unbekannte, nichtgenetische Fähigkeiten besitzt, zwischen Selbst und Nicht-Selbst zu unterscheiden. Dies aber wird oft als Merkmal einer Gehirnleistung gewertet.

Die beiden Wissenschaftler bestreiten keineswegs, dass sie erst mit Hypothesen arbeiteten – und mit gewagten dazu. Noch sei vieles wissenschaftlich nicht erhärtet. Aber es könnte so sein.

Ob ihre Thesen bei der wissenschaftlichen Zunft nicht auf grossen Widerstand stossen, wollte ich wissen. »Natürlich gibt es viele Gegner«, meint Dieter Volkmann. »Sie sagen, Pflanzen hätten keine Nerven, also solle man nicht von Neurobiologie sprechen. Wir erwähnen dann, dass Forscher vor rund achtzig Jahren in Pflanzen das Hormon Auxin entdeckten. Es hiess gleich, das könne nicht möglich sein, Hormone gebe es nicht bei Pflanzen. Bald fand man noch andere. Sie wurden Phytohormone genannt – Pflanzenhormone also –, und dieser Ausdruck hat sich etabliert. Inzwischen hat man viele Hormone gefunden, die bei Tieren wie bei Pflanzen vorkommen.«

František Baluška ergänzt: »Bisher hat man in der Pflanzenphysiologie nur auf chemische Hormone geschaut. Elektrophysiologische Untersuchungen gab es kaum. Pflanzen mit Nerven – das war suspekt. Niemand wollte ein Gebiet finanzieren, dem im entferntesten der Ruch des Esoterischen anhaftete. Erst in den letzten Jahren begann sich dies zögerlich zu ändern. Es ist schwer, solche Dogmen und Denkblockaden aufzuweichen. Für die Forschung bedeutete dies zehn bis zwanzig Jahre Stillstand.«

Ich merke, sie sind es gewohnt, auf diesem schmalen Grat zu balancieren, der Grenze zwischen konventioneller Wissenschaft und neuen Denkkonzepten. Vorsichtig tun sie das, gewappnet mit Beispielen wie den Touch Genes oder den Phytohormonen. Als könnte er meine Gedanken lesen, sagt Dieter Volkmann, dass die Gründung der Gesellschaft für Pflanzenneurobiologie ein Meilenstein gewesen sei. Drei internationale Kongresse habe sie schon veranstaltet, die von weit über hundert Forschenden besucht wurden. »Die Leute waren begeistert, der direkte Austausch von Informationen erwies sich als äusserst fruchtbar. Das haben wir František Baluška und seinem Florentiner Kollegen zu verdanken.« Jener winkt ab. Die Forschung, sagt František Baluška, habe in den letzten Jahren derart viele neue Erkenntnisse gebracht, dass sie mit der konventionellen Denkweise nicht mehr hätten »verdaut« werden können. Eine Plattform für die Erforschung von Kommunikationsnetzwerken sei überfällig gewesen. Es brauche neue, interdisziplinäre und holistische Forschungsansätze, ein enges Zusammengehen von Zellbiologie, Elektrophysiologie und Ökologie.

Was aber wären die Konsequenzen, wenn Pflanzen tatsächlich ein »Gehirn« hätten? Ob es sein könne, dass Pflanzen so etwas wie Schmerzen empfinden, frage ich die beiden. Natürlich wissen auch sie keine Antwort auf diese Frage. Allerdings sind sie etwas weniger abwehrend als der Jenaer Professor Wilhelm Boland. František Baluška sagt: »Pflanzen nehmen wahr, wenn sie ein Problem haben.« Wenn man ein brennendes Streichholz unter ein Mimosenblatt halte, schlügen die Blätter auch in zwanzig Zentimetern Entfernung noch aus. Sie reagierten blitzartig. »Ob sie dabei leiden, ist uns nicht bekannt. Natürlich höre ich keinen Schmerzensschrei, doch die Pflanze reagiert heftig, sie zieht ihre Blätter ein. Wir ziehen den Finger ja auch zurück, wenn wir eine heisse Platte berühren.« Und Dieter Volkmann ergänzt nachdenklich: »Bei Pflanzen haben Forscher Hormone und Proteine gefunden, von denen wir wissen, dass sie bei Menschen bei der Auslösung von Schmerzen eine Rolle spielen.« Wir belassen es dabei; ich verabschiede mich und mache mich auf den Weg zurück nach Basel.

Ein halbes Jahr nach meinem Besuch in Bonn erschien in einer wissenschaftlichen Zeitschrift eine vehemente Attacke gegen den Begriff Pflanzenneurobiologie, unterschrieben von dreissig Forschern und Wissenschaftlerinnen. Es gebe keine Evidenz für Strukturen wie Nerven oder gar ein »Gehirn« bei Pflanzen. Die Nomenklatur des Tier- und Menschenreichs solle nicht leichtfertig den Pflanzen übergestülpt werden.

Der Brief löste viele Reaktionen aus. Ich rufe František Baluška an, der sich in diesem Konflikt besonders stark exponiert hatte. Natürlich seien ihre Ausführungen zur Pflanzenneurobiologie als Hypothesen zu verstehen, sagt er. »Doch neuere Forschungen legen nahe, dass die Ähnlichkeiten zwischen Pflanzen, Tieren und uns Menschen weit grösser sind, als bisher angenommen wurde. Pflanzen haben eine Sexualität und Sexualorgane, sie haben Stammzellen und Embryonen, sie besitzen ein Immunsystem. Pflanzen haben einen Biorhythmus wie wir auch; sie kommunizieren intern mit Hormonen und Aktionspotentialen wie wir auch. Auf der zellbiologischen Grundlage verlaufen Lernprozesse von Tier und Pflanze sehr ähnlich.«

Nach einer Weile verabschieden wir uns, und ich blättere durch die vielen wissenschaftlichen Publikationen, die allesamt als Reaktion auf den Protestbrief erschienen. Eine brisante Kontroverse!

Innerhalb der Naturwissenschaften interpretieren viele Forschende Pflanzen als eine Art feintarierter Automaten, die nur ihrem eingebauten Programm folgen können. Lebewesen also, die bloss auf äussere Stimulationen hin reagieren, nicht aber aus sich selbst heraus aktiv werden können.

Sie wehren sich gegen jeden Versuch, in Pflanzen mehr zu sehen, sie gar als entscheidungsfähige Individuen zu begreifen. Wilhelm Boland aus Jena gehört zu dieser Gruppe, doch er ist auch Mitglied der Gesellschaft für Pflanzenneurobiologie und hatte mir seinerzeit versichert, dass er diese Debatten enorm wichtig finde. Und er hat den Protestbrief nicht unterschrieben.

František Baluška und seine Kollegen sehen Pflanzen in neuem Licht. In ihren Augen sind sie keine »lebenden Maschinen«. Um sie zu beschreiben, benötigen sie neue Begriffe und Sinnbilder, die anfangs vielleicht noch etwas diffus sind, die es ihnen aber ermöglichen, neue Zusammenhänge zu entdecken. Auch die Forschungsagenda ist eine andere. Ihr Fokus liegt nicht so sehr auf der Erforschung einzelner Komponenten – seien dies Gene, Proteine oder Aktionspotentiale –, sondern es interessiert sie, wie diese Teile zusammenhängen und sich austauschen. Sie interessieren sich für die Beziehungen zwischen den einzelnen Komponenten und wie diese sich ständig ändern. Sie interessieren sich für Pflanzensprachen und wie die Pflanzen die Welt »erfahren«. Sie interpretieren Pflanzen als hochdynamische Netzwerke, deren Regeln und Verbindungen sie untersuchen wollen.

»Pflanzen sind sesshaft« steht auf der Website der Gesellschaft für Pflanzenneurobiologie. »Aufgrund dieser Lebensweise bleibt ihnen gar nichts anderes übrig, als sich schnell an eine rasant sich ändernde Umwelt anzupassen. Sie können nicht davonrennen.« Hinter ihren phänomenalen Anpassungsleistungen stünden neuronale Informationssysteme, weil diese die schnellsten und die effizientesten Antworten auf Umweltveränderungen ermöglichten.

Dieter Volkmann (links) und František Baluška

Maispflanze: Das Wurzelwerk ist viel voluminöser als der Stengel. Bildet es den diffusen Kommandobereich, eine Art »Gehirn«?

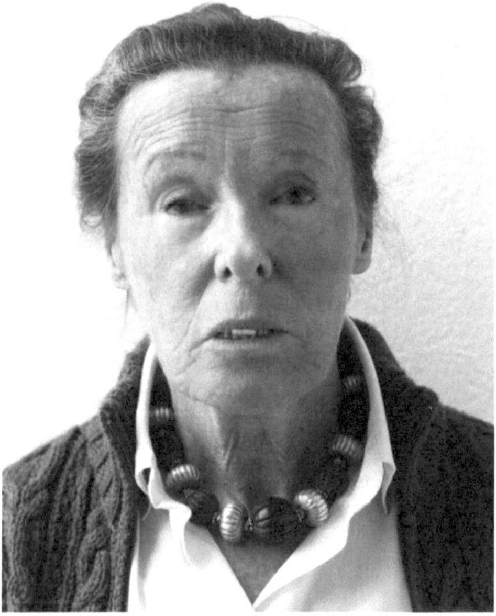

Barbara Hohn

Barbara Hohn, Basel

Die Erinnerung der Ackerschmalwand

Entgegen allen Behauptungen sind auch Gene dynamisch und werden von der Umwelt beeinflusst. Im Sommer 2006 berichtete das Wissenschaftsjournal *Nature,* dass Pflanzen Erinnerungen an eine Stresssituation an ihre Nachkommen weitergeben könnten. Ein Team um die in Basel forschende Barbara Hohn hatte die Pflanze Ackerschmalwand *(Arabidopsis thaliana)* grossem Stress ausgesetzt. Einige Pflanzen waren mit schädlichem UV-Licht bestrahlt worden. Bei einer anderen Gruppe hatten die Forschenden mit der chemischen Substanz Flagellin einen Bakterienangriff simuliert. In beiden Fällen hatten sie signifikante Veränderungen im Erbgut der gestressten Pflanzen beobachtet. Sie züchteten Nachkommen bis hin zur fünften Generation. Die grosse Überraschung: Auch alle Nachkommen enthielten die genetischen Veränderungen ihrer ehemals gestressten Vorfahren und vererbten sie weiter – obwohl die nachfolgenden Generationen selbst keinem Stress ausgesetzt worden waren.

Das war eine sensationelle Nachricht. Wenn dies auch bei Menschen so wäre, überlege ich mir, dann hiesse dies: Meine Gene könnten sich immer noch an die Auswirkungen einer besonders schlimmen Stresssituation »erinnern«, der zum Beispiel meine Grosseltern ausgesetzt waren. Der Stress hätte bei ihnen Veränderungen im Erbgut verursacht, und diese Änderungen könnte ich geerbt haben. Eine beunruhigende Vorstellung!

Ich besuche Barbara Hohn am Friedrich-Miescher-Institut für biomedizinische Forschung (FMI) in Basel, das von der Firma Novartis finanziert wird. Barbara Hohn arbeitet seit 1978 an diesem Institut und wurde vor drei Jahren emeritiert. Sie ist von zierlicher Gestalt, ganz in Schwarz gekleidet, mit einer schlichten Silberspange um den Hals, und führt mich gleich in die Cafeteria im dritten Stock, wo wir es uns auf den roten Hockern bequem machen; gleich hinter mir ist die Kaffeemaschine, deren lautes Gezische das Interview manchmal erschwert. Barbara Hohn schwärmt von der internationalen Zusammenarbeit am Institut und zeigt mir eine riesige Weltkarte an der Wand eines Seminarraums. Stecknadeln bezeichnen die Herkunftsorte der Wissenschaftlerinnen und Forscher, die am FMI oder in FMI-Projekten arbeiten. Es gibt Stecknadeln in Südafrika, Brasilien, Rumänien, Indien – quer über die ganze Weltkarte. Eine Stecknadel entdecke ich in der Ukraine. Das sei ein Mitarbeiter ihrer Gruppe gewesen, sagt Barbara Hohn. Sie hätten Pflanzen in der Nähe von Tschernobyl angebaut und die Auswirkungen radioaktiver Strahlung gemessen. Sie konnten feststellen, dass die Strahlung direkte Veränderungen im Erbgut hervorruft.

Meine Gesprächspartnerin redet mit leiser Stimme, ein Flüstern ist es fast. Mich erinnert sie manchmal an eine Blumenfrau, und gleichzeitig weiss ich, dass vor mir eine äusserst erfolgreiche, rational denkende Molekularbiologin sitzt, eine Wissenschaftlerin durch und durch. Wahrscheinlich sind wir in manchen Dingen ganz konträrer Meinung – sie als überzeugte Gentechnikbefürworterin, ich als langjährige Gentechnikkritikerin –, doch das lassen wir heute beiseite. Auch Barbara Hohn wehrt sich vehement gegen das alte Dogma der Gentechnik, dem zufolge das Leben von den Genen her erklärt werden könne und allein für die Vererbung verantwortlich sei. Das sei viel zu simpel. Darin sind wir uns einig. Ihr neues Experiment ist der beste Beweis.

»Die Geschichte hat lustig begonnen«, erzählt Barbara Hohn. Ihr Mitarbeiter Gerhard Ries habe bei einem Versuch zufällig bemerkt, dass einige Ackerschmalwand-Samen genetische Veränderungen aufwiesen. Es waren die gleichen Veränderungen, die sie bei den Pflanzen in Tschernobyl festgestellt hatten. Doch diese Pflanzen hier waren keiner Strahlung ausgesetzt gewesen. »Auf das Samensäckchen haben wir erst nachher geguckt. Dort war vermerkt, dass die Eltern der Samen mit UV bestrahlt wurden. Also hatten sie vielleicht ihre Stresserfahrungen weitervererbt?« Eine gewagte Hypothese. Eine Hypothese, die so unwahrscheinlich klang, dass etliche Kollegen sie für esoterisch hielten, erinnert sich Barbara Hohn. Lange Zeit habe sie keine Unterstützung gefunden, um die Experimente nachzustellen. Doch als sie dann endlich die Versuche durchführen konnte – eine Gruppe Pflanzen wurde mit UV-Licht gestresst, eine andere mit Flagellin –, wurde die ursprüngliche Beobachtung bestätigt: Alle Pflanzen enthielten diese spezifischen Veränderungen im Erbgut, und alle vererbten sie weiter. »Ursprünglich gab es also gar keine Fragestellung. Es kam eine Antwort auf uns zu, und die Fragen haben wir erst nachher gestellt«, sagt die Forscherin. Das sei in der Wissenschaft nicht unüblich. Sie betont nochmals, dass nicht nur ein paar wenige, sondern alle Pflanzen genetisch verändert waren. Es könne also nicht bloss ein Zufallstreffer gewesen sein. Es müsse eine spezifische Antwort von Pflanzen auf Stress sein, und diese Antwort werde weitervererbt. Barbara Hohn meint mit einem kleinen Lächeln: »Das klingt etwas nach Lamarck, nicht wahr?«

Anfang des neunzehnten Jahrhunderts hatte der französische Biologe Jean-Baptiste de Lamarck behauptet, erworbene Eigenschaften könnten den Nachkommen vererbt werden. Dies sei der Grund für die Entstehung immer neuer Arten. Das klassische Beispiel: Ein Säugetier, das sich vorwiegend von Blättern hochwachsender Bäume ernährt hatte, musste seinen Hals immerzu strecken. So sei die Giraffe entstanden. Doch brachte Gregor Mendels Vererbungslehre Lamarcks Konzept zu Fall: Einzig die Gene, und nicht etwa äussere Einflüsse, seien für die Vererbung verantwortlich. Die Evolution – so schrieb Charles Darwin etwas später – sei das Resultat natürlicher Selektionen rein zufälliger Mutationen. Wenn also ein Säugetier per Zufall mit einem längeren Hals auf die Welt kam, hatte dieses Tier im Konkurrenzkampf um das Überleben eine bessere Chance und konnte sich besser fortpflanzen. Demnach war die Giraffe als Zufallsprodukt entstanden. Während meiner Studienzeit galt Lamarck als typisches Beispiel eines wissenschaftlichen Irrwegs.

Doch Barbara Hohns Experimente bestätigen Lamarcks These zumindest teilweise. »Die Wahrheit liegt wohl irgendwo dazwischen. Natürlich spielen die Gene eine zentrale Rolle bei der Vererbung, doch wichtig ist auch, wie sie reguliert werden«, meint sie. Bei jedem Lebewesen werden Gene laufend an- und abgeschaltet. In Wurzelzellen sind andere Gene aktiv als in Blattzellen und bei einem Keimling andere als bei einem ausgewachsenen Baum. Für die komplexe Regulierung aller Gene ist die Epigenetik verantwortlich. *Epi* heisst über; die Epigenetik ist ein dynamisches, erst teilweise verstandenes System über der genetischen Ebene. Es enthält alle Informationen, die nötig sind, um ein richtiges Funktionieren der Gene zu gewährleisten. Barbara Hohn vermutet – und sie hat gute Indizien dafür gefunden –, dass durch den Stress kleine Moleküle des epigenetischen Systems das Verhalten bestimmter Gene verändern. »Wichtig ist«, sagt sie, »dass bei diesem Prozess nicht die Gene selbst verändert werden, sondern nur die Art und Weise, wie sie funktionieren. Diese Veränderungen werden an Nachkommen weitergegeben. Das ist eine epigenetische Vererbung.«

Ob ich mir das so vorstellen könne, dass grosser Stress im Erbgut der Pflanzen eine Vielzahl epigenetischer Veränderungen hervorrufe, frage ich. Als Resultat entstünden Pflanzen mit ganz unterschiedlichen Eigenschaften – darunter vielleicht auch solche, die den Stress besonders gut ertragen könnten? Diese hätten eine grössere Überlebenschance und pflanzten sich besser fort, so dass sich die Pflanzengemeinschaft als Ganzes schnell den neuen Bedingungen anpassen könne. »Vorsicht, diese Interpretation führt zu weit«, wendet Barbara Hohn ein. »Da müssten wir zuerst herausfinden, ob die Pflanzen dank der genetischen Veränderungen wirklich stressresistenter sind. Und das haben wir noch nicht getestet. Ich kann mir gut vorstellen, dass dem so ist. Doch ich weiss es noch nicht sicher.«

Auch ohne die Gewissheit, dass die epigenetische Vererbung wirklich zu stressresistenten Pflanzen führt, widerlegen Barbara Hohns Experimente viele gängige Vorstellungen und Dogmen der Genetik. Gene sind nicht wie Legobausteine, die in jeder Umgebung die gleiche Funktion ausüben und sich nie ändern. Im Gegenteil: Sie »reden« miteinander und mit anderen Molekülen. Sie sind auch im Dialog mit der Umwelt, dank des epigenetischen Systems. Wahrscheinlich kann diese Brücke zwischen Genen und Umwelt bei Pflanzen gar nicht hoch genug eingeschätzt werden, denn diese können bei einer Bedrohung nicht wie Tiere einfach wegrennen. Da könnte eine schnelle genetische Anpassung ganz zentral sein. Doch unser Wissen ist noch sehr rudimentär.

Während der Vorbereitung meines Besuches bei Barbara Hohn hatte ich in der wissenschaftlichen Literatur etliche Belege für eine epigenetische Vererbung bei Mäusen, Ratten und sogar bei Menschen gefunden. Eines der ältesten bekannten Beispiele bei Menschen ist der »Grossmuttereffekt« aus den Niederlanden: Am Ende des Zweiten Weltkriegs herrschte dort eine schlimme Hungersnot, ausgelöst durch ein von den Deutschen auferlegtes Lebensmittelembargo und den extrem harten Winter 1944/45. Rund 30 000 Menschen starben in der Folge. Die detaillierten Geburtendateien aus dem »niederländischen Hungerwinter« erlaubten später umfangreiche wissenschaftliche Untersuchungen. Ein Team um Lambert H. Lumey von der Columbia-Universität in New York fand heraus, dass Frauen, die während dieser Zeit schwanger wurden, kleine Töchter und Söhne gebaren. Die Töchter, obwohl sie unter normalen Umständen aufwuchsen und nie an Hunger litten, gebaren wieder kleine Kinder – so als würden sich die Gene dieser kleinen

Kinder noch an die extreme Stress- und Hungerszeit ihrer Grossmütter »erinnern«.

Warum aber konnte eine epigenetische Vererbung noch nie bei Pflanzen nachgewiesen werden? »Eigentlich lag es in der Luft«, bestätigt Barbara Hohn. »Bei Tieren und Menschen haben die Forschenden vielleicht schon früher weiter gedacht als bei Pflanzen. Da spielen vor allem historische Gründe eine Rolle.« Offenbar habe niemand bei Pflanzen so etwas erwartet, also habe man auch nicht hingeschaut.

Ich komme auf ihre in *Nature* publizierte Arbeit zurück. Mir gefiel der Titel: »Gedächtnis von Pflanzen über Generationen hinweg«. Pflanzen haben ein Gedächtnis und können es zudem vererben? Das sind neue Töne für das als konservativ bekannte *Nature*! Die Forscherin nickt. »Ich schlug ihnen diesen Titel vor, und erstaunlicherweise wurde er akzeptiert. Da bin ich stolz. Doch zuvor habe ich einen unserer Neurobiologen hier im Hause gefragt, ob es erlaubt sei, in diesem Fall von ›Gedächtnis‹ zu reden. Er gab sein Einverständnis.«

Zum Schluss frage ich auch Barbara Hohn, ob sie mit ihren Pflanzen spreche. »Mit meinen Laborpflanzen spreche ich sicherlich nicht. Ich singe ihnen keine Mozart-Arie vor, obwohl ich gehört habe, dass sie Mozart besonders gern haben. Aber wenn ich in meinem Garten zu Hause eine Pflanze wunderschön finde, dann danke ich ihr für die schöne Blüte. Wenn sich eine Pflanze nicht benimmt, dann schimpfe ich mit ihr – aber das sind mehr Selbstgespräche, das hat nichts mit Esoterik zu tun.« Wir verabschieden uns bald, denn Barbara Hohn möchte an diesem warmen Novembertag früher nach Hause gehen, um die Blumenzwiebeln für das nächste Jahr zu pflanzen.

Die Esoterikfalle

Ich bin gerade dabei, eine Gemüsesuppe zuzubereiten, als in den Mittagsnachrichten von Schweizer Radio DRS von einer interessanten Entdeckung berichtet wird: Der wohl älteste Baum des ganzen Alpenraums wächst in Obergesteln im Kanton Wallis. Es ist eine Lärche, und ihr Alter wird auf 1500 Jahre geschätzt. Ihr Stamm hat einen Umfang von mehr als sieben Metern. Der genaue Ort wird nicht bekanntgegeben; Fotos gibt es auch keine, um den Baum vor Vandalenakten zu schützen. Am Schluss wird der Gemeindepräsident von Obergesteln interviewt, der erzählt, wie er als Bub im Hohlraum dieser uralten Lärche gespielt habe.

1500 Jahre! Die Lärche von Obergesteln begann ihr Leben, als König Attila das Hunnenreich in Mitteleuropa zum Höhepunkt seiner Macht führte. Das Weströmische Reich ging langsam unter. Der Benediktinerorden wurde gegründet.

Doch auch in der unmittelbaren Nähe der Lärche änderte sich die Welt seit ihrer Entstehung rasant. Myriaden Generationen von Insekten, Bakterien, Viren oder Pilzen entstanden. Sie konnten alle möglichen Mutationen durchprobieren, um der Lärche zu schaden – ohne Erfolg. Auch extreme Klimaschwankungen konnten ihr nichts anhaben. Der Baum wusste sich zu verteidigen, mit einer Vielzahl verschiedener Strategien.

Wie war das möglich? Zur effizienten Abwehr muss die Lärche einen Störenfried erst einmal erkennen und dann individuell bekämpfen können. Sie wählt aus. Sie entscheidet. Es muss also ein System geben, das es der Pflanze ermöglicht, einen Überblick über alle Signale zu bekommen und darauf zu antworten: diese Thesen von František Baluška und Dieter Volkmann leuchten mir ein. Um so erstaunlicher, dass sie innerhalb der Wissenschaftszunft auf solch heftige Abwehr stiessen. Die Zeitschrift *Stern* berichtete damals von einer »Tsunamiwelle der Empörung« unter den Forschenden, die den Brief gegen die Pflanzenneurobiologie unterzeichnet hatten. Dies sei »unwissenschaftlich«, »Blödsinn« – der schlimmste Vorwurf aber lautete: Sie öffne »der Esoterik Tür und Tor«.

Esoterik also. Für alle Forschenden, mit denen ich ein Interview führte, war dies das ärgste Schimpfwort. Das, wovor alle zurückschrecken. Auch ich scheue den Esoterikvorwurf.

Doch was heisst Esoterik? Eine Recherche in diversen Enzyklopädien und Fachbüchern ergab: Esoterik bedeutet auf griechisch »nach innen« und bezeichnet zunächst einmal Lehren, die sich nur an einen elitären Kreis von Eingeweihten richten und geheimen Charakter haben. Heute wird unter dem Begriff ein Sammelbecken verschiedenartiger Lehren und Weltanschauungen verstanden. Ihnen gemeinsam ist der Glaube, dass neben der materiellen Wirklichkeit eines Lebewesens noch weitere, verborgene Dimensionen existieren, das Seelische etwa, das Geistige, Spirituelle oder auch andere, ausserirdische Welten.

Ein weiteres Merkmal der neuzeitlichen Esoterik ist die

Ablehnung der christlich-kirchlichen Traditionen und der modernen Naturwissenschaften. Sie bestehen darauf, dass das Verborgene mit wissenschaftlichen Erkenntnismitteln nicht erklärt werden könne und auch von keiner Obrigkeit gelenkt werde, und sehen sich als einen »dritten Weg« jenseits der modernen Wissenschaften und christlichen Religionen. Die unterschiedlichsten Erscheinungen auf religiösem, spirituellem und naturwissenschaftlichem Gebiet vereinen sie zu einer Gesamtschau.

Der renommierte Esoterikforscher Kocku von Stuckrad schreibt: »Dreh- und Angelpunkt aller esoterischen Traditionen sind Erkenntnisansprüche, die auf das ›eigentliche‹ oder das absolute Wissen abheben, und die Modi, dieses Wissen verfügbar zu machen – sei es durch einen individuellen Aufstieg des Suchenden (...), sei es durch ein Initiationsgeschehen, sei es durch Kommunikation mit geistigen Wesen. (...) Was einen Diskurs esoterisch macht, ist die Rhetorik einer verborgenen Wahrheit, die auf einem bestimmten Weg enthüllt werden kann und gegen andere Deutungen von Kosmos und Geschichte (...) in Stellung gebracht wird.«

Bei solchen Absolutheitsansprüchen läuten bei mir die Alarmglocken. Ich bin Agnostikerin – ich weiss, dass ich nichts weiss, zumindest in bezug auf die Frage, was Leben oder was ein Lebewesen ist. Es gibt in solchen Fragen keine absolute Wahrheit.

Die Wahrheit über den »innersten Kern« eines Lebewesens enthüllen zu können ist eine Sache des Glaubens; sie kann nicht bewiesen werden. Doch genausowenig können die Naturwissenschaften für sich beanspruchen, der einzig gültige Weg zu sein, um zu Erkenntnissen über das Leben zu gelangen. Auch hierzu fehlen bisher die Beweise. Wir sind in einer Situation des Nichtwissens. Dies auszuhalten fällt mir oft schwer.

Doch der Begriff Esoterik wird heute meist in einem viel breiteren Sinne verwendet. Da ist der boomende Esoterikmarkt gemeint, mit dem wir tagtäglich konfrontiert sind – von Horoskopen bis hin zu Wundermitteln. Esoterik ist zum Inbegriff alles Irrationalen, Antiwissenschaftlichen und Abergläubischen geworden.

In der Pflanzenbiologie wurde durch ein berühmt gewordenes Buch zusätzlich Öl ins Feuer gegossen. Es heisst *Das geheime Leben der Pflanzen* und erschien 1973 (deutsch 1974). Die Autoren Peter Tompkins und Christopher Bird erzählen darin von unterschiedlichsten Phänomenen zwischen Menschen und Pflanzen: Sie zitieren Forscher, die behaupten, dass Pflanzen menschliche Gedanken aufnehmen und verarbeiten könnten, und führen »Beweise« telepathischer Fähigkeiten von Pflanzen an. Sie erzählen, wie Gebete oder Musik Pflanzen beeinflussen können, oder berichten von Begegnungen mit Ausserirdischen und vielem mehr. Auch interessante Untersuchungen sind aufgeführt, denen ich weiter nachgehen wollte. Doch in dem Buch ist alles vermischt, Kraut und Rüben wild durcheinander, absurd Anmutendes mit durchaus Ernstzunehmendem.

Das Buch wurde zu einer weltweiten Sensation – und schreckte alle in den Naturwissenschaften Forschenden ab. Seit seinem Erscheinen ist die Angst, in der botanischen Forschung unter Esoterikverdacht zu geraten, allgegenwärtig. František Baluška hatte mir in Bonn erzählt, dass das

Buch mit dazu geführt habe, dass ein ganzes Forschungsfeld – die Elektrophysiologie bei Pflanzen – tabuisiert wurde. Es blieb ein weisser Fleck auf der Forschungslandkarte und ist auch heute noch umstritten.

Die von dieser Wissenschaft aufgeworfenen Fragen sind brisant: Wenn Pflanzen neuronale Netzwerke haben und die Kommunikation zwischen den Zellen ähnlich funktioniert wie bei Tieren, haben Pflanzen dann möglicherweise tier- oder menschenähnliche Wahrnehmungen?

Die nächsten Wochen verbringe ich im Büro, sichte die Interviews und Notizen, durchforste den grossen Stapel markierter Artikel auf der Suche nach einer behutsamen Annäherung an Fragen, auf die es keine Antworten gibt. Wie nimmt eine Pflanze eine gefrässige Raupe an ihrer Wurzel wahr: Registriert sie die Raupe so, wie ein Computer Aussenreize registriert, oder gibt es Empfindungen, fühlt sie Schmerzen?

Einer, der sich aus philosophischer Sicht mit dieser Frage beschäftigt hat, ist der Ethiker Klaus Peter Rippe. Er ist Präsident der Eidgenössischen Ethikkommission für die Biotechnologie im Ausserhumanbereich EKAH, der auch ich angehöre. Er schreibt: »Empfindung (…) bedeutet vom Wortursprung her – von althochdeutsch *intfindan* – ›etwas in sich finden‹. Im weiteren Sinne verstehen wir darunter unmittelbares Erleben, Fühlen oder Gewahrwerden. Im engeren Sinne sind Empfindungen Reaktionen des lebenden Organismus auf die Einwirkungen der Aussenwelt oder auf körperliches Geschehen. Es handelt sich um eine von aussen hervorgerufene und über die Sinne aufgenommene Wahrnehmung oder eine Körperempfindung. (…) Eine Empfindung wird vom Gefühl also so unterschieden, dass beim Empfinden noch nicht wie beim Gefühl positive oder negative Wertungen vorhanden sind. (...) Gefühle sind entweder angenehm oder unangenehm, Empfindungen besitzen diese Eigenschaften nicht.«

Doch, fährt Klaus Peter Rippe fort, sei diese scharfe Trennung zwischen Empfindung und Gefühl problematisch, weil wir sie nicht einzeln erfahren könnten. Wir nehmen eine einzige Erfahrung – Schmerz oder Lust – unmittelbar wahr. Er schreibt: »Lust und Schmerz sind demnach nicht Einstellungen zu Empfindungen; es sind Empfindungen, die unmittelbar und in sich als positiv oder negativ erfahren werden. Lust und Schmerz sind damit zugleich sehr elementare Formen des Erlebens. Sobald ein Wesen Lust und Schmerz empfinden kann, erfährt es bestimmte Dinge als positiv und negativ. Diese lust- und schmerzvollen Empfindungen sind für Lebewesen – in der Regel – zugleich Grund, bestimmte Situationen zu fliehen oder (...) aufzusuchen.«

Die sesshaften Pflanzen können vor negativen Situationen nicht fliehen, doch sie setzen ihre vielen Abwehrstrategien gezielt ein. Brauchen sie wie wir ein Schmerzempfinden, um zuerst einmal wahrzunehmen, dass ihnen etwas Schädliches passiert? Damit sie anschliessend versuchen können, das zu meiden, was für sie nicht gut ist?

Es gibt keine wissenschaftlichen Belege, dass Pflanzen Schmerzen fühlen. Doch die Bonner Forscher František Baluška und Dieter Volkmann zählten einige Indizien auf, um zu zeigen, dass wir dies nicht einfach ausschliessen können. Es gibt Indizien, nicht aber eine ganze Indizienkette.

Heute zu behaupten, sie könnten nichts empfinden, ist nach den vielen neuen Erkenntnissen genauso spekulativ wie das Gegenteil. Wir wissen es schlicht nicht. Es ist uns die Gewissheit abhanden gekommen, den Pflanzen eine Wahrnehmungsfähigkeit abzusprechen. Immerhin wurde die Pflanze bisher in ihren Fähigkeiten, die Umwelt wahrzunehmen, weit unterschätzt.

Ich sitze im Garten, in den letzten Sonnenstrahlen des nun schon kühlen Herbstes, gedankenverloren. Die Nadeln der Walliser Lärche werden jetzt wohl bereits gelb sein, ein goldorange leuchtendes Gelb, stelle ich mir vor, während um mich herum der Eisenhut blüht, neben den Malven, der Kapuzinerkresse und dem grossen Rosmarinbusch. Braucht es wirklich ein Gehirn, um Schmerzen zu empfinden? Oder ist ein Empfinden möglich, das auf anderen biochemischen und elektrischen Prozessen aufbaut? Ich versuche, mir ein solches Schmerzempfinden vorzustellen – und es will mir überhaupt nicht gelingen. Wie nur kann jemand ohne Gehirn und Nervensystem Schmerzen empfinden? Ich weiss, mein Bemühen ist sinnlos; ich kann ja nicht aus meiner Haut schlüpfen.

»Nichts in der Biologie gibt Sinn, es sei denn im Licht der Evolution«, schrieb der bekannte Evolutionsbiologe und Genetiker Theodosius Dobzhansky. Die Biologie, meinte er, lasse sich nur durch die Evolution verstehen.

Pflanzen und Tiere sind aus erdgeschichtlicher Sicht sehr jung. Die höheren Pflanzen entstanden vor rund 400 Millionen Jahren, als Nachkommen der Grünalgen das Land eroberten, und die ersten Vorfahren der heute existierenden Tierarten lebten vor rund 500 Millionen Jahren. In den drei Milliarden Jahren zuvor existierten nur einzellige Lebewesen. In diesem für uns unvorstellbar langen Zeitraum haben sich die Zellen weiterentwickelt, sehr langsam und sehr flexibel. Dabei entstanden nicht unbedingt Zellen mit optimaler Form oder Grösse, sondern solche, die eine optimale Flexibilität haben. Während dieser drei Milliarden Jahre bildeten sich alle elementaren Grundformen der späteren Ernährungs- und Stoffwechselvorgänge von Pflanzen und Tieren heraus, so auch die Grundlagen der zellulären Kommunikation. Die Zellen waren in dynamische Beziehungsgeflechte eingebunden; sie kommunizierten, agierten und reagierten ständig miteinander. Aus diesen einzelligen Lebewesen entwickelten sich Pflanzen und Tiere parallel zueinander weiter, jeder in eine andere Richtung.

Pflanzen, Tiere und Menschen haben also gemeinsame Wurzeln. Pflanzen sind uns verwandt. Die Ähnlichkeiten auf der Zellebene liegen in der gemeinsamen Geschichte begründet. Aus Strukturen für eine schnelle Informationsleitung könnten sich bei den Tieren Gehirn und Nervensystem und bei Pflanzen analoge Strukturen entwickelt haben. Die Forschung ist erst am Anfang, doch die Hypothese ergibt Sinn.

Auf den darüberliegenden Ebenen – den Geweben oder einzelnen Lebewesen – unterscheiden sich Tiere und Pflanzen radikal. Beide erreichten im Laufe der Evolution grosse Flexibilität, um sich an eine sich ständig ändernde Umwelt anpassen zu können, auf ganz unterschiedliche Weise.

Übrigens haben nicht alle Tiere ein Gehirn. Die Seewespe zum Beispiel, eine durchsichtige Qualle mit bis zu drei Meter langen Tentakeln, wegen ihrer Giftigkeit an

Badestränden gefürchtet, besitzt lediglich ein diffuses Nervennetz, aber kein Gehirn. Doch sie hat komplexe Sehorgane und gehört zum Reich der Tiere. Die vermeintlich scharfe Trennung zwischen denen, die Nervensystem und Gehirn besitzen – den Tieren also –, und jenen, die nicht darüber verfügen, erweist sich als unscharf. Die Übergänge vom Tier- zum Pflanzenreich sind fliessend.

Und auch in der Tierforschung sind Gefühle heftig umstritten, natürlich auf einer anderen Ebene. Niemand bestreitet heute, dass Gorillas Schmerzen empfinden – doch Freude, Trauer, Mitgefühl, Stolz, Schadenfreude? Solche Gefühle bleiben den Menschen vorbehalten, sie haben in der Verhaltensforschung keinen Platz. Als wissenschaftlich akzeptierbar gelten ausschliesslich objektivierbare Erkenntnisse; eine »Vermenschlichung« tierischen Verhaltens ist zu vermeiden, das hat den Ruch des Esoterischen und somit Unwissenschaftlichen. Doch heute hat auch in dieser Wissenschaftsdisziplin ein Umdenken angefangen.

Ich spreche darüber mit Jörg Hess. Der Basler ist Verhaltensforscher und einer der besten Kenner der Menschenaffen. Ich frage ihn, ob Menschenaffen Emotionen hätten. Man müsse sehr vorsichtig sein, menschliche Gefühlsregungen auf Menschenaffen zu übertragen. Da werde auch viel Unsinn getrieben, meint er. Wenn ihm aber heute jemand sagte, sie könnten keine Emotionen zeigen, etwa kein Mitgefühl, dann wäre dies jenseits all dessen, was er erlebt und erfahren habe, und ergäbe für ihn keinen Sinn.

Und dann erzählt er mir die folgende Geschichte, die sich während seines langjährigen Aufenthalts bei den Berggorillas in den Virunga-Wäldern in Ruanda ereignete:

»An einem Morgen sass ich mit einer Gorillamutter und ihrem Kind von Pflanzen verdeckt an einem Abhang im Steilhang des Vulkans Bisoke. Ich protokollierte das Verhalten der beiden. Plötzlich brach über uns Pablos Brusttrommelei los. Pablo, das war ein junger Erwachsener, ein pubertierender Gorillamann. Mutter und Kind rannten blitzartig weg. Ich schaute zurück – da kam Pablo beinahe fliegend angestürmt, in mächtigen Sprüngen, direkt auf mich zu. Ich legte mich hin und versuchte aus der Flugbahn wegzurollen, doch es war zu spät, Pablo landete mit beiden Füssen in meinem Kreuz und verschwand hangabwärts. Zuerst kam ich nicht mehr auf die Beine und dachte, mein Rükken sei verletzt worden. Von der Hüfte an konnte ich nichts mehr spüren. Ich lag da, unfähig, mich aufzurichten, fluchte und schrie und rief um Hilfe; ich war emotional völlig entgleist. Etwas später erschien die bald erwachsene Maggie und setzte sich etwa zehn Meter von mir entfernt hin. Sie sass da, die Arme verschränkt, das Kinn auf die Arme gestützt, und sah mich mit ernstem Gesicht an. Dann kam sie heran, setzte sich ganz nahe zu mir, näherte ihr Gesicht auf Zentimeterdistanz dem meinen und schaute mir aus ihren bernsteinfarbenen Augen in die Augen. Plötzlich spürte ich, wie sie mir eine Hand auf den Kopf legte und ganz fein vor- und zurückfuhr, zwei-, dreimal. Diese freundliche Geste wiederholte sie viermal, immer mit Pausen dazwischen, und entfernte sich dann wieder. Zehn Minuten später war ich wieder auf den Beinen und fühlte mich halbwegs wohl. Ich will Worte vermeiden, die zu viele menschliche Inhalte haben, aber Maggie hat etwas getan, was wir vielleicht als Trösten bezeichnen können. Sie zeigte Mitgefühl. Sie hat gefühlt, was ich in dieser Situation fühlen musste, gemerkt, dass es mir nicht gutging, und versuchte mich zu trösten.«

Das aber könne er wissenschaftlich nicht beweisen. Das Erlebnis könne nicht wiederholt werden. Früher habe man ein solches persönliches Erlebnis Anekdote genannt und meinte damit ein Gefäss für einen Inhalt, der nicht reproduzierbar und daher nicht wissenschaftlich ist. Heute werden Anekdoten als Wissen und als verbürgte Grundlage langsam akzeptiert, zumindest bei einem Teil der Wissenschaftsgemeinschaft.

Bei der Menschenaffenforschung sei anerkannt, dass es zwei Ebenen gebe, um zu Wissen zu gelangen. Es gebe die objektiv nachvollziehbare Verhaltensforschung, die auf mathematisch ausgewerteten und quantifizierbaren Analysen und Beobachtungen beruht, und es gebe die persönlichen Erlebnisse. Diese seien für die Interpretation tierischen Verhaltens genauso wichtig wie die wissenschaftlichen Analysen. »Das Bild wird immer nur komplett sein, wenn wir beide Ebenen übereinanderbringen, das Erlebte, das nicht durch den Kopf geht, und das Naturwissenschaftliche, wo nach vorgeschriebenen Methoden vorgegangen wird. Die frühere Verhaltensforschung, die sich nur auf die wissenschaftliche Seite abstützte, hatte nie dieselbe Aussagequalität, wie das heute möglich ist. Da fehlte einiges«, resümiert Jörg Hess.

Natürlich sind Pflanzen anders. Sie haben nicht dieselben Emotionen wie Menschenaffen, sind uns nicht so nahe verwandt. Doch vielleicht können wir auch bei ihnen zu Erkenntnissen gelangen, die über die konventionellen Naturwissenschaften hinausgehen?

Grosse Anpassungsfähigkeit: ein Löwenzahn auf dem Mergelweg in meinem Garten …

… und in der schattigen Wiese nebenan

EIN ANDERES WISSEN

Andreas Schwarz, Grabs SG, und Dorian Schmidt, Giessen

Das wiedergewonnene Gespür

Es gibt Leute, die einen grünen Daumen haben. Unter ihrer Obhut gedeihen alle Pflanzen; sie bringen Blumen zum Blühen, bei denen andere scheitern. Sie sagen, sie hätten eine spezielle Beziehung zu ihren Gewächsen; sie würden mit den Pflanzen reden, und die Pflanzen teilten sich ihnen mit.

Nach dem Erscheinen meines letzten Buches, *Zellgeflüster,* erhielt ich zahlreiche Briefe von Menschen, die mir Geschichten von Zwiegesprächen mit ihren Pflanzen erzählten. Wie sie Pflanzen gut zuredeten und diese tatsächlich zu wachsen und zu blühen begannen. Sie erzählten Beispiele enger Verbundenheit zwischen Pflanzen und Menschen. Ein Mann zum Beispiel berichtete von seiner krebskranken Frau, die immer eines ihrer Afrikanischen Veilchen mit ins Spital nahm. Als sie starb, gingen alle ihre sieben Veilchenstöcke innerhalb dreier Monate ein.

Das sind anekdotische Geschichten, gewiss. Jörg Hess schilderte, dass solche Begebenheiten bei der Erforschung der uns nahestehenden Menschenaffen langsam als Teil der Wissenschaft akzeptiert werden. Doch bei Pflanzen ist das anders. Da gilt als ausgeschlossen, dass intime Beziehungen zwischen ihnen und Menschen irgendeine reelle Basis haben. Und doch: Es scheint Menschen zu geben, die intuitiv vieles über Pflanzen wissen, jenseits naturwissenschaftlicher Fakten. Was aber »wissen« sie? Und wie wissen sie, was sie wissen; wie also gelangen sie zu ihrem Wissen?

Eine Bekannte, die sich ebenfalls für solche Fragen interessiert, erzählte mir von Andreas Schwarz. Der Agronom sei Landwirtschaftsberater des Kantons St. Gallen und arbeite am Landwirtschaftlichen Zentrum in Salez. Er gebe zudem Kurse mit dem eigenartigen Titel »Naturgspüri entdekken«.

Naturgspüri entdecken? Andreas Schwarz sage von sich, dass er energetische Informationen von Pflanzen oder Tieren erspüren könne. Dieses Wissen wolle er an Bauern und Bäuerinnen weitergeben.

Ein paar Wochen später sitze ich bei Andreas Schwarz zu Hause in seinem Büro im sanktgallischen Grabs. Der Raum ist schmal, und überall an den Wänden stehen Vitrinen mit Mineralien und Versteinerungen. Viele habe er selbst gefunden, meint mein Gastgeber. Früher sei er leidenschaftlicher Jäger gewesen, und er zeigt stolz auf Rehbockgeweihe und Gamskrickel, die über meinem Kopf an der Wand hängen. Heute sei er Strahler und Schleifer. Auch im Wasserkrug, den er zwischen uns auf den kleinen Tisch stellt, sind drei Kristalle: ein Amethyst von einem kräftigen Violett, ein rosafarbener Rosenquarz und ein klarer Bergkristall. Das Licht spielt mit den Kristallen und lässt sie fast ein wenig lebendig aussehen. Sie gäben dem Wasser eine gute Energie, sagt Andreas Schwarz.

Zum Naturgspüri, erzählt er, sei er eher zufällig gekommen. Lange Jahre habe er ganz normal nach streng naturwissenschaftlichen Kriterien gearbeitet. Nach einem einschneidenden Erlebnis – er überlebte ein Lawinenunglück knapp – habe er mit persönlicher Entwicklungsarbeit begonnen. Er beschreibt, wie er tiefe persönliche Veränderungen erlebte und dadurch seine Sensibilität wiedergefunden habe. Nach verschiedenen Weiterbildungen habe er eine Zeitlang mit Menschen gearbeitet. Doch dann sei ihm klargeworden, dass er seine Fähigkeiten auch im Beruf einsetzen müsse. Es folgte eine zweijährige autodidaktische Forschungsarbeit. Erst müsse er sich vollständig entspannen und von inneren und äusseren Belastungen befreien, erzählt er. Das befähige ihn, sich seinem Gegenüber unvoreingenommen zu öffnen. »So konnte ich tatsächlich die Energien, die ich bei Menschen wahrzunehmen gelernt hatte, auch bei Pflanzen, Tieren oder an Standorten spüren. Ich lernte, die Abbilder dieser Energien in mir zu erkennen und nach vielen Eigenversuchen auch zu interpretieren. Mit der Zeit konnte ich die Intuition in den Prozess einbeziehen.« Er wisse nicht, welcher Art diese Energien seien, doch er könne sie spüren. Pflanzen strahlten energetische Informationen über sich und ihre Biographie aus. Daraus gewinne er Kenntnisse, die jenseits der traditionellen Naturwissenschaften lägen. Oft habe er sein Wissen mit den gängigen Methoden bestätigen können.

Pflanzen, die sich mittels Energien den Menschen mitteilen? Mein Blick ruht auf den glitzernden Kristallen im Wasserkrug. Das kann ich mir schwer vorstellen, und das Ganze kommt mir etwas unheimlich vor. Doch sollte ich deswegen alles gleich als unglaubwürdige Schwärmerei abtun? Ich beschliesse, mehr über seine Methoden zu erfahren, ohne gleich ein Urteil zu fällen. Ich frage ihn, wie er überhaupt dazu kam, Naturgspüri-Kurse anzubieten. »Ich musste einen Bauern beraten, dessen Zuckerrübenbestand Blattflecken hatte. Das ist eine Krankheit, die durch einen

Pilz verursacht wird«, erzählt er. »Zuerst untersuchte ich das Feld nach der Standardmethode – ich zählte die befallenen Rübenpflanzen. Der Befall lag gerade im Bereich der Behandlungsschwelle. Wäre er grösser gewesen, hätte man eingreifen müssen, bei weniger Schaden wäre keine Behandlung nötig gewesen. In diesem Zwischenbereich muss der Bauer selbst die Situation einschätzen. Als ich ihm dies sagte, lachte er mich aus und meinte, gerade deshalb habe er mich ja gerufen. Ich hätte nun mit seinen Angaben – Resistenzeigenschaften der betroffenen Sorte, Art der Bewirtschaftung oder Zeitpunkt der Ernte – eine genauere Analyse machen können, die aber letztlich auch keine Sicherheit bot. Ich schlug ihm eine andere Methode vor, ging zurück in den Zuckerrübenbestand und liess mich auf die Energien der Pflanzen ein. Ich sagte ihm anschliessend, er könne es laufen lassen, die Zuckerrüben seien nicht gefährdet. Er schaute mich fragend, ja entgeistert an. Woher ich das wisse? ›Ich habe die Bauernschläue wiederentdeckt‹, sagte ich und erzählte ihm von meiner Forschungsarbeit. Letztendlich besässen wir alle solche Fähigkeiten zur tieferen Wahrnehmung, nur seien sie den meisten Menschen nicht mehr zugänglich. Sie könnten aber wiedererweckt werden. Der Bauer klopfte mir auf die Schulter und war begeistert. Ob auch er dies erlernen könne? Er gab mir den Mut, mich zu outen und solche Kurse anzubieten. Übrigens war meine Vorhersage korrekt: Die Zuckerrüben haben den Blattfleckenbefall gut überstanden. Und seit 2001 gebe ich Naturgspüri-Kurse.«

Im Rahmen dieser Kurse führe er manchmal eine Übung an Maispflanzen durch. An der Landwirtschaftsschule Salez wird im Demonstrationsanbau eine grosse Anzahl verschiedener Maissorten kultiviert, jeweils in zwei Reihen. Die Sorten sind oft unterschiedlich stark mit Blattflecken befallen. »Die Leute nehmen als erste Übung die Energien der Maisgewächse wahr, zuerst bei Maispflanzen mit schwachem, dann mit mittlerem und am Schluss mit starkem Befall. Ich fordere sie auf, genau zu spüren, wie sich die Energien in ihrem Inneren abbilden. Das ist bei jedem Menschen etwas anders. Auf diese Weise versuchen wir, unsere Körper auf die Befallsstärke einzustellen. Dann bitte ich die Leute, die Befallsstärke bestimmter Maissorten wahrzunehmen, die sich für sie unsichtbar ganz hinten im Feld befinden. Eine dieser unsichtbaren Sorten ist schwach befallen, die andere deutlich stärker. Die Leute können in der Regel ganz klar sagen, wie stark der Befall ist. Einzelne geben dies sogar auf einer Skala an, und dies so präzise wie bei einer wissenschaftlichen Aufnahme.« Dieser Versuch, fügt er an, lasse sich jederzeit wiederholen.

In seinen Naturgspüri-Kursen versucht Andreas Schwarz den Bauern Möglichkeiten zu eröffnen, mit den Energien ihrer Kulturen zu arbeiten. Sie sollen lernen, Probleme bei ihren Beständen festzustellen, bevor sie sich manifestieren und von aussen sichtbar werden. So sollen sie beispielsweise frühzeitig merken, wenn ein Feld noch etwas Dünger benötigt. Oder wahrnehmen, dass eine andere Kultur gut ohne chemische Hilfe auskommt, obwohl es im Feld vielleicht dramatisch aussieht.

Aber was genau nimmt er wahr? Schwer zu beschreiben, sagt er, das müsse man schon selbst erlebt haben. Er erzählt von einem Weizenfeld, das grün und üppig aussah, in vollem Wachstum, und trotzdem konnte er im Wurzelbereich eine Einengung wahrnehmen. Dann habe er auf die Frage fokussiert, wie sich diese Enge auf die Pflanzen auswirken werde. So habe er gespürt, dass in einem späteren Stadium ein Engpass in der Nährstoff- oder Wasserversorgung auftreten werde, weil der Boden verdichtet sei. Die Nachkontrolle ergab effektiv einen Verdichtungshorizont in ungefähr zwanzig Zentimetern Tiefe. Das habe er energetisch spüren können.

Für solche detaillierten Wahrnehmungen sei es allerdings wichtig, dass er zuerst genau überlege, was er wissen wolle, und seine Fragen anschliessend präzise stelle. Indem er sich auf einen bestimmten Fragenbereich fokussiere, lasse er nur die entsprechende energetische Information der Pflanze in sich hinein. Zudem müsse man sich selbst gut kennen und sich immer mit den geeigneten Übungen eichen, um diese inneren Erscheinungsbilder interpretieren zu können. »Das hängt auch von meinem eigenen Zustand ab. Nachdem ich mir einmal beim Joggen den Fuss verstaucht hatte, nahm ich die Energien im Wurzelbereich bedeutend deutlicher wahr. Ich hatte eine empfindliche Stelle bei mir selber, im Fussgelenk, und das beeinflusste die Wahrnehmung der pflanzlichen Energien. Das musste ich wissen und in meine Interpretationen einbeziehen.«

Andreas Schwarz holt uns einen Tee – ganz normale Lipton-Schwarztee-Beutel, wie ich etwas erleichtert bemerke –, fügt aus einer gelben Plastikflasche einen Spritzer Zitronensaft hinzu und reicht mir den Zucker.

Befähigt ihn seine Hellfühligkeit dazu, mit der Pflanze in einen Dialog zu treten? »Nicht unbedingt«, meint er.

»Ich wende mich zwar mit einer Frage an die Pflanze, woraus sich eine Wahrnehmung ergibt, die man als Antwort verstehen kann. Das heisst aber noch lange nicht, dass die Pflanze mir antwortet. Mit der Frage öffne ich mich ja eigentlich nur einem bestimmten Energiefeld, lasse die energetische Information in mich hinein und bilde sie in mir ab. So erhalte ich die Information. Wahrscheinlich strahlt sie diese Energie immer aus, und ich nehme sie einfach in einem bestimmten Moment wahr, vielleicht antwortet sie aber tatsächlich. Das weiss ich nicht.«

Ob er glaube, dass Pflanzen Gefühle haben, frage ich ihn. »Das kann ich nicht beantworten.« Er überlegt lange, rührt seinen Tee. »Ich stelle allerdings fest, dass sich auch Wahrnehmungen ergeben, wenn ich den emotionalen Zustand einer Pflanze erfrage. Es kam zum Beispiel schon vor, dass mir Pflanzen Energien zeigten, die sich in mir als ›Stinkergefühle‹ abbildeten. Für die Pflanze kann das bedeuten, dass sie langsam erschöpft ist. Sie hat alle ihre Kräfte mobilisiert, aber da ist etwas, das sie bremst und bei ihr einen Wachstumsstillstand verursacht. Weiter würde ich das nicht interpretieren. Bei mir hinterlässt sie das Gefühl ›mir stinkt's‹. Ob die Pflanze dies auch so fühlt, kann ich nicht sagen.«

Er sei nicht der einzige, der sich auf Pflanzen einlassen könne, erzählt er weiter, vielmehr arbeite er in der Forschungsgruppe Widar mit, zusammen mit Hellsehenden und Hellhörenden. Diese »intuitiv Wissenden« treffen sich in regelmässigen Abständen auf dem Gut Rheinau, einem grossen biologisch-dynamischen Hof im Nordosten der Schweiz, um Erfahrungen auszutauschen und zu prüfen, inwiefern ihre Wahrnehmungen übereinstimmen und wie sich diese in der Landwirtschaft nutzbringend umsetzen lassen. Einer der Hellsehenden ist der Begründer der Bildekräftemethode, Dorian Schmidt.

Wir beenden das Gespräch, und Andreas Schwarz bringt mich mit seinem Geländewagen an den Bahnhof Buchs.

Einige Monate später kann ich die Bildekräftemethode von Dorian Schmidt selbst ausprobieren. Mit sieben Bekannten besuche ich Anet Spengler Neff, die bei dem Hellsehenden an mehreren Kursen zur Bildekräfteforschung teilgenommen hat. Zuerst macht sie einige Konzentrationsübungen mit uns, damit wir uns vom Alltagsballast befreien. Dann gibt sie allen einen geschälten Apfelschnitz. Die Aufgabe besteht darin, ihn mit geschlossenen Augen ganz lange zu kauen und darauf zu achten, ob irgendwelche Bilder auftauchen. Noch nicht überzeugt, beginne ich zu kauen, kaue und kaue und versinke immer mehr in diesen Apfelschnitz. Eine grosse Ruhe zuerst, und dann taucht tatsächlich ein gelbes Feld auf, gelbblühende Blumen, ich vermute Löwenzahn. Ein grosses Feld, wogend, wachsend, spriessend. Ich versuche, vor meinem inneren Auge die Farbe Gelb gegen Türkis oder Violett auszutauschen – das ist völlig unmöglich. Es ist ein gelbleuchtendes Blumenfeld, und es wächst und wächst.

Anet Spengler Neffs Stimme holt mich nach einer mir ewig erscheinenden Zeit aus der Versunkenheit heraus. Bei der anschliessenden Besprechung stellt sich heraus, dass fünf der acht Personen ebenfalls etwas Gelbes sahen, in unterschiedlichen Formen. Ein zweiter Apfelschnitz, diesmal ungeschält und von einer anderen Sorte, ergibt bei mir eine ganz andere Farbe, eher Blau, und längst nicht so eindeutige Bilder.

Was das gelbe Feld über die Qualität des Apfels aussagt, kann Anet Spengler Neff nicht sagen. Doch wenn bereits wir in dieser Runde, die wir das erste Mal einen solchen Versuch machen und keinerlei Erfahrung mit der Bildekräftemethode haben, solche Bilder sahen, was erst kann ein Experte wie Dorian Schmidt von Pflanzen erfahren?

Ihn treffe ich an einem kalten Novembermorgen auf dem Gut Rheinau, wo er nachmittags einen Kurs zur Bildekräfteforschung gibt. Ich erzähle ihm von meinem Erlebnis mit dem geschälten Apfelschnitz und frage ihn, wie das möglich sei. »Bildekräfte gehen über den Geschmack hinaus; sie liegen quasi auf einer hinteren Ebene. Zu ihrer Wahrnehmung brauchen wir kein neues Organ. Es geschieht alles innerhalb des Denkens, Fühlens und Wollens. Da schichte ich etwas um und gestalte es neu. In der Hauptsache geht es über das verwandelte Vorstellungsvermögen des Denkens.«

Doch als ich den Apfelschnitz kaute, gab ich mir grosse Mühe, an nichts zu denken. Er entgegnet: »Ich muss die normalen Denkinhalte ausschalten können und zur Ruhe kommen. Wer die Denkinhalte verschwinden lässt, hält die Denkfähigkeit ganz wach. Ich muss also loslassen können, ohne dabei einzuschlafen – das ist eine grosse Kunst. Dann kann ich mit der Pflanze Kontakt aufnehmen. Ich kann mich ihr öffnen und in ihre Kräfte hineinsehen.«

Ich frage ihn, was er in solchen Momenten sieht. »Ich sehe tatkräftige Bewegungen, gestaltende Bewegungsformen, die Farbe haben«, sagt Dorian Schmidt. Mein im

Wind wogendes Löwenzahn-Blumenfeld – das waren bewegte Formen in Gelb. Doch was sagt dieses Bild über die Qualität des Apfels aus? Dies sei ein Bild aus dem Alltag gewesen, meint Dorian Schmidt. Das habe zunächst einmal nicht viel zu bedeuten. Wenn man die Bewegungsformen des Lebendigen noch nicht direkt sehen könne – das zu sehen sei meist eine Frage von Übung und Ausdauer –, legten sich oft Bilder aus der Alltagswelt über die direkte Wahrnehmung. Diese Bilder passten dann zu den Bewegungsformen, die darunterliegen würden. Eine Art exakte Phantasie also! Die Lichtkräfte beispielsweise, die beim ersten Apfelschnitz dem Fruchtfleisch seine typische Struktur, seine Farbe und sein Aroma gegeben hätten, seien die gleichen, die beim Löwenzahn die Blüte gelb färbten und an seiner seltsam zackigen Blattform mitarbeiteten.

Er habe in langjähriger Arbeit eine grosse Menge Bewegungsbilder zusammengetragen und aufgezeichnet, fährt er fort. Zur Orientierung in dieser oft unüberschaubar vielfältigen Bilderwelt erhalte er entscheidende Hilfen aus Rudolf Steiners Werk. Grundlage sei, dass in jeder Pflanze etwas Übersinnliches wirke. Dies könne mit chemischen oder physikalischen Gesetzen nicht vollständig erklärt werden. Das Übersinnliche manifestiere sich in unterschiedlichen Schichten, denjenigen der Lebenskraft, des Seelischen und des Geistigen. Die Kunst der Interpretation von Bildekräften bestehe nun darin, meint der Anthroposoph, diese drei Ebenen sorgfältig voneinander zu unterscheiden: »Ich kann mich ganz auf die Lebenskräfte einer Pflanze einlassen, dann erlebe ich Bilder. Oder ich schaue, welche Empfindungen sie in meinem seelischen Bereich auslösen, dann erhalte ich objektive Gefühle. Ich muss lernen, mich auf den verschiedenen Ebenen bewegen zu können.«

Doch was nimmt er wahr, wie kann ich mir die »Qualität« oder »Lebenskraft« oder »Vitalität« eines Apfels vorstellen? Bei der Beschreibung der Qualität eines Lebensmittels spielten drei Kriterien eine Rolle, sagt er. Erstens werde beurteilt, ob die Bildekräfte schön und harmonisch ausgeprägt sind. Als zweites beurteilten sie die Stärke der Ausprägung. Beide Kriterien geben Hinweise auf die Lebenskraft oder eben Vitalität. Als drittes stellten sie sich die Frage: Wie passt das gefundene Lebenskräftepotential zu den Bedürfnissen des Menschen, der das Nahrungsmittel isst, oder zu seiner besonderen Lebenssituation?

Möhren zum Beispiel, erzählt Dorian Schmidt, sammelten viel Licht im Lebenskräftebereich. Bei der Verkostung würden sie nach oben, zur Stirn hin ausstrahlen. Die Möhre helfe ihm zu inkarnieren, er komme mit ihr gut in die notwendige Stimmung hinein. Für manche Menschen seien Möhren hilfreich, für andere nicht. Ein in sich gekehrter Mensch brauche etwas, das ihn öffne – dazu sei die Möhre geeignet. Kopfsalat wiederum wirke eher im rhythmischen System des Körpers, während gefiederter Salat mehr anregend in Richtung Kopf gehe.

Der Hellsehende fährt fort, mir die Wirkungen anderer Pflanzen zu erläutern, doch ich verliere zunehmend den Faden – Dorian Schmidt bewegt sich da in einer mir fremden Welt. Seine Erklärungsversuche sind ganz in der anthroposophischen Lehre verwurzelt, und da fehlen mir die tieferen Kenntnisse. Und wieder kommen leise Zweifel auf.

Drei Wochen später treffe ich Peter Kunz, einen weit über die Schweiz hinaus bekannten Weizenzüchter. Er erzählt, dass Dorian Schmidt vor einigen Jahren bei ihm gewesen sei. Gemeinsam hätten sie seine Weizenfelder begutachtet. Er, Peter Kunz, beurteile die Pflanzen aufgrund genauer Beobachtung – wie die Weizenhalme wachsen und ihr saftiges Grün entwickeln, wie sie sich während der Reife verwandeln. Er schaue auf ihre Architektur und Physiologie. Daraus ziehe er seine Schlüsse. Dorian Schmidt habe dieselben Pflanzen mit seiner Bildekräftemethode untersucht. Es sei verblüffend gewesen, sagt Peter Kunz, wie ihre Einschätzungen, die von ganz anderen Gesichtspunkten ausgingen, übereingestimmt hätten.

Wie Dorian Schmidt oder Andreas Schwarz ihre Wahrnehmungen schlussendlich interpretieren und zu welchen qualitativen Aussagen sie gelangen, interessiert mich erst in zweiter Linie. Es sei auch noch viel Forschung nötig, betonen beide. Noch fehlten Begriffe, um das Wahrgenommene präzise ausdrücken zu können. Noch ringe man um ein gemeinsames Alphabet. Auch fehlten gemeinsame Beurteilungskriterien. Wichtiger erscheint mir ihre grundlegende Aussage: Pflanzen gäben »Zeichen« von sich, die besonders sensible Menschen aufnehmen und interpretieren könnten. »Zeichen«, die sich je nach der fragenden Person als Energien, als Bilder oder als Töne manifestierten. Man erhalte Informationen, die auf naturwissenschaftlichem Wege nicht erlangt werden könnten. Da komme intuitives Wissen zum Zuge. Der Anfang sei immer gleich: Man müsse sich einer Pflanze gegenüber ganz öffnen. Man müsse fast ein wenig mit ihr verschmelzen.

Andreas Schwarz

Dorian Schmidt (rechts) während eines Kurses

Greet Helsen, Bartenheim (Elsass)

Malen im Reich der Blumen

Vor zwei Jahren, im Januar 2006, blieben mir nach einer Tagung in Berlin und vor der Abfahrt des Nachtzuges nach Basel einige Stunden Zeit, um den Hamburger Bahnhof – Museum für Gegenwart – zu besuchen. Das Museum war beinahe leer. Ich genoss die Stille, wandelte von Saal zu Saal, beeindruckt von den grossartigen Skulpturen von Joseph Beuys, Anselm Kiefer oder dem Land-art-Künstler Richard Long.

Im zweitletzten Saal, ich war schon auf dem Weg zum Ausgang, hing ein grosses Bild des US-amerikanischen Künstlers Cy Twombly. Ein irritierendes Chaos, ganz ohne Strukturen, in saftigen Rot- und Gelbfarben, etwas Rosa, einige schwarze Flecken, Spuren von Türkis. Das Bild, las ich auf dem kleinen Schild daneben, hiess »Empire of Flora«; Öl, Wachs-, Blei- und Farbstift auf Leinwand, gemalt 1961, 200 × 242 Zentimeter gross. Von nahem waren einige Rosenblüten erkennbar, vielleicht ein Busen, und ich meinte, sogar zwei Penisse zu erkennen. Sonst nur Bleistiftkritzeleien, Farbtupfer, mit den Fingern hingeschmierte Flecken, Spuren hinuntergetropfter Farbe über die ganze Leinwand.

Von der gegenüberliegenden Wand aus betrachtete ich das Bild nochmals. Es begann mich unmerklich in seinen Bann zu ziehen, ich wusste nicht, warum, wie wenn eine ansteckende Leichtigkeit von ihm ausginge, ein Gefühl von Schwerelosigkeit. Mir war auch, als würde es überall auf dieser Leinwand blühen, wachsen, wuchern, verblühen, absterben. Das Bild schien mir etwas ganz und gar eigenartig Pflanzenhaftes auszudrücken. Einen ganz kurzen Moment hatte ich gar das Gefühl, als könnte ich Blütendüfte riechen. Empire of Flora.

Zu Hause schaute ich mir das Bild im Museumskatalog an. Da war in allem Chaos ein Sog, eine Bewegung von der unteren Mitte zum rechten oberen Bildrand hin – und weit über den Bildrand hinaus. Und oben links so etwas wie eine sich kelchartig auftuende Blüte, ein undurchdringliches Gewühl aus Farbspuren, das sich nach oben hin öffnete und alles aus sich hinausschleuderte. Als Legende stand im Katalog, dass im »Empire of Flora« der Augenblick der Verwandlung des Menschen in Blumen dargestellt sei, in Anlehnung an Ovids *Metamorphosen.* Zerstückelte Pflanzen- und Menschenteile, wild durcheinandergewirbelt, ineinander übergehend. Aus der mit dem Blut von Menschen getränkten Erde erwachsen Blumen, sterben ab und gedeihen von neuem – ein ewig sich wiederholendes Geschehen.

Doch was war es, das mich so fesselte, worin lag der Zauber des so Pflanzlichen an diesem Bild? Ich lieh mir Bücher über Cy Twombly aus und sprach mit einigen Malerinnen und Malern aus meinem Bekanntenkreis.

Cy Twomblys Gesten sind leicht, wie beiläufig, wie mit links hingeworfen oder von einem Kind gekritzelt. Alles ist in Bewegung, fliesst, breitet sich aus. Im Bild scheint nichts fertig zu sein, nichts Statisches, nichts Eingefrorenes. Auch keine Blumen, die auf Anhieb erkennbar wären. Cy Twombly zeigt die Bewegung, nicht das Produkt. Der Maler, so scheint es, geht ganz in den Moment hinein, lässt sich treiben, und dann, kurz vor dem Moment, in dem man meint, eine Sache greifen zu können, kurz vorher bricht er ab, lässt alles wieder in der Schwebe, lässt es weiterfliessen. Seine Gesten haben auch etwas Momentanes. Es könnte im nächsten Moment schon ganz anders auf dieser Leinwand ausschauen, mich würde es nicht wundern. Das Flüchtige, Vergängliche, das immerzu Spriessende und Verwelkende, dieser ewige Prozess an Bewegungen – das war es wohl, was mich pflanzenhaft anmutete, etwas sehr Lebendiges, zur Pflanzenwelt Gehörendes.

Seit bald zwanzig Jahren zeichne und aquarelliere ich – ohne jeden künstlerischen Anspruch – auf einsamen Bergwanderungen oder im Zoologischen Garten Basel. Dabei habe ich die Erfahrung gemacht, dass sich mir dadurch manchmal neue Welten öffneten, dass das Zeichnen und Aquarellieren mir ein Eintauchen in die Pflanzen- und Tierwelt ermöglichte, eine Unmittelbarkeit, die auszudrücken mir die Worte fehlen. Als würde ich »fast ein wenig mit meinem Gegenüber verschmelzen«, wie es Dorian Schmidt und Andreas Schwarz ausdrücken.

2005 begann ich eine berufsbegleitende Ausbildung an der Assenza Malschule in Münchenstein. Eine meiner Lehrerinnen ist die Malerin Greet Helsen, und so war es naheliegend, sie um ein Interview zum Thema Malerei und Pflanzen zu bitten.

Wir treffen uns morgens um acht Uhr bei mir zu Hause; auf dem Küchentisch brodelt die Kaffeemaschine. »Ich kann mit der Malerei nur darstellen, wie das Bild einer Pflanze aussieht«, sagt Greet Helsen. »Die Pflanze selber kann ich nicht malen. Darum ist es entscheidend, wie ich als Malerin die Pflanze sehe und welche Empfindungen ich dabei habe. So werde ich sie darstellen. Da spielt mein Verhältnis zum Sinnlichen eine Rolle, meine Auffassung vom Lebendigen. Wenn ich überzeugt bin, dass eine Pflanze mehr ist als blosse Mechanik, wenn ich ihr also Lebenskräfte oder gar eine Seele zugestehe, dann versuche ich dies in der Malerei aufzunehmen. Hierin besteht die grosse Herausforderung: das, was nicht sichtbar ist, in einem Bild zu zeigen.« Sie spricht in präzisen, beinahe druckreifen Sätzen. Man merkt, dass sie sich seit langem mit solchen Fragen beschäftigt.

»Ein Baum zum Beispiel: Wenn ich einen Baum anschaue, sehe ich zuerst vielleicht nichts Besonderes; es ist einfach eine unglaubliche Laubmasse, die da in die Luft gestellt wird. Wenn ich mich länger mit dem Baum beschäftige, ihn beobachte und zeichne, beginne ich Strukturen wahrzunehmen. Ich stelle selber eine Ordnung her. Mit der Zeit merke ich, was für den Baum typisch ist, die Art etwa, wie er die einzelnen Äste und Zweige gliedert, welche Verhältnisse zwischen den Blättern auftreten, die Intervalle in den Wachstumsformen. Ich merke, dass da viele Strukturen vorhanden sind und dass sie nicht einfach zufällig sind. Sie besitzen eine bewegungshafte Ordnung. So kann ich auch zu der Empfindung gelangen, dass bei diesem Baum alles mit allem zusammenhängt. Trotzdem ist er rhythmisch gegliedert und in sich bewegt – das ist nicht langweilig und ruhig.«

Im Innern des Baumes liefen gleichzeitig viele Prozesse ab, Zellprozesse, Wachstumsprozesse, Flüssigkeitstransporte, Stoffwechselvorgänge. Dieses Kräftespiel zum Ausdruck zu bringen, erachte sie als die grosse Kunst der Malerei. Wenn man einen Baum bloss abzeichne, laufe man Gefahr, nur diesen einen eingefrorenen Augenblick festzuhalten, tote Blätter, erstarrte Stengel, Ausdruck einer »abgelähmten« Grundhaltung. »Da wird die Form, die der Baum einnimmt, für das eigentlich Pflanzenhafte gehalten, statt Ausdruck von etwas Lebendigem zu sein, das entsteht und vergeht«, sagt Greet Helsen. »Wenn ich also versuche, den Baum etwas tiefer zu empfinden, wenn ich ihn als Ausdruck dieser Kräftespiele auffasse, dann wird es lebendig. Dann kann ich die Pflanze mit Hilfe der Malerei neu entdecken.«

Im Garten lärmen zwei Amseln; sie picken die kleinen Beeren aus den nun leuchtendrot gefärbten Blättern der Hausrebe. Wir schauen ihnen eine Weile zu.

»Bei einer Blüte«, nimmt Greet Helsen den Faden wieder auf, »kommt nochmals eine ganz andere Qualität zum Tragen. Die Malerei ist prädestiniert, das Blütenhafte auszudrücken – dank ihr kann eine Pflanze nochmals ganz anders aufgefasst werden.«

Das war es wohl, dieses Blütenhafte, was mich an Cy Twomblys Bild so sehr in seinen Bann zog. Dieses nach aussen hin Verströmende – wie Blütenblätter verblühender Blumen, vom Wind verweht, während andernorts sich neue Knospen bilden, ohne dass eine einzige Blüte als solche auf dem Bild genau abgebildet gewesen wäre.

Ich frage Greet Helsen, welche Maler und Malerinnen sie denn persönlich am stärksten beeindruckten, wenn es um ein tieferes Verständnis von Pflanzen geht. »Die mittelalterliche Malerei habe ich sehr gerne.« Mittelalterliche Malerei? Das hätte ich bei ihr, die fast ausschliesslich grosse, abstrakte

Bilder malt, nicht erwartet. Sie lacht: »Im Mittelalter wurden Pflanzen als Bilder für seelische Zustände aufgefasst. Jede Pflanze hatte ihren eigenen symbolhaften Gehalt. Sie spiegelte die Seelenverfassung des mittelalterlichen Menschen wider. Nach meinem Empfinden ist an dieser Sicht etwas Wahres. Nur darf man dies nicht nur als Symbol auffassen. Wenn man weiss, wie eine Pflanze wächst, ob sie schnell wächst oder sich dazu Zeit lässt, mit welchen Farben und Düften sie blüht, wann sie am liebsten blüht, dann ergibt sich daraus ein gesamter Eindruck einer Pflanze. Wenn ich solche genau beobachteten Bilder innerlich verdichte, entsteht ein Übergang zur Seelenwelt. Maler wie Rogier van der Weyden, Jan van Eyck oder Matthias Grünewald haben dies auf wunderbare Weise darstellen können.«

Ein anderer ihr nahestehender Maler sei natürlich Claude Monet mit seinen Seerosen. Auch bei diesem Maler merke man, dass es ihm längst nicht nur um die Farbtöne der Seerosen oder um das Erfassen von Lichtreflexen im Wasser ging. Diese Seerosen waren sein Lebensmotiv. Aus dem tiefen, undurchdringlichen Wasser treiben die Blüten an die Oberfläche. »Diese Gestik, mit der er seine Seerosen malt, kommt aus tiefer Seele, so scheint es mir. Da steigen Dinge aus dem Seelenraum des Malers hoch, die ans Licht wollen und sich öffnen, dem Licht entgegen, wie die Blätter und Blüten einer Seerose. Monet liebte seinen Garten. Er war selber Gärtner und hatte zudem Gehilfen angestellt, die den Garten nach seinen Anweisungen gestalteten. Seine Seerosen malte er in einem speziell für diesen Zweck gebauten Atelier nahe einem Teich.«

Nach einer weiteren halben Stunde verabschiedet sich

Greet Helsen. Ich aber bin neugierig, was sie an den mittelalterlichen Bildern als so pflanzenhaft faszinierte. In der Bibliothek des Kunstmuseums Basel finde ich einige Bücher über mittelalterliche Pflanzensymbolik und zu Matthias Grünewald, und an einem sonnigen und kalten Januarnachmittag besuche ich im französischen Colmar den von Matthias Grünewald gemalten Isenheimer Altar mit der Absicht, mich diesmal ganz auf die Pflanzen in seinen wunderbaren Gemälden zu konzentrieren. Matthias Grünewald, lese ich während der Zugfahrt in einem Buch von Lottlisa Behling, habe es auf eine ganz besondere, eigene und neue Weise verstanden, die grossen mittelalterlichen Themen aufzugreifen, und das komme auch in seinen Pflanzendarstellungen zum Ausdruck. Lottlisa Behling war Botanikerin und bestimmte auf Bildern Grünewalds und anderer mittelalterlicher Meister minutiös alle Pflanzen. Sie schreibt: »Selten – mit Ausnahme von Dürer – begegnet man einem solchen Wohllaut pflanzlicher Form, solcher hingebungsvollen Einfühlung in das Wesen pflanzlicher Erscheinung, einer so tiefgründigen Verbindung von Pflanze und Mensch nach Gestalt und Symbol.«

Der Isenheimer Altar befindet sich im Musée d'Unterlinden, mitten in der Altstadt von Colmar. Es ist ein ehemaliges Kloster mit einem hübschen kleinen Kreuzgang. An der Garderobe gebe ich Mantel und Tasche ab; den Folianten mit den botanischen Erklärungen darf ich ins Museum mitnehmen. Mein Ziel ist Matthias Grünewalds Bild des Einsiedlers auf dem linken Flügel des Altars. Da sitzen zwei Greise – der heilige Paulus und sein Gast, der heilige Antonius – auf Holzbalken vor der Höhle des Einsiedlers

Paulus. Sie disputieren angeregt miteinander. Doch die im Folianten beschriebenen Kräuter und Blumen entdecke ich erst nach längerem Hinschauen. Ganz am unteren Bildrand sind sie, unscheinbar und in dunklen Farben gehalten; sie werden vom Blau des wallenden Seidenmantels, den der heilige Antonius trägt, fast übertönt.

Rechts, zu Füssen des Einsiedlers Paulus, wachsen Hahnenfuss, Spelz, Weissklee, Mohn, Kreuzenzian und weisser Gamander-Ehrenpreis, ein zierliches, spriessendes Blumenbeet. Es sind alles Heilkräuter, die Matthias Grünewald in der Klosterapotheke kennengelernt haben dürfte. Sie wurden gegen das Antoniusfeuer verwendet, das damals immer wieder wütete.

Auf der linken Seite des Bildes gedeihen ein Eisenkraut und ein Breitwegerich. Die in einer Rosette angeordneten Blätter des Breitwegerichs glänzen im spärlichen Licht; sie wirken wie von innen beleuchtet und scheinen gar zu pulsieren. Aus der Mitte der Blattrosette wachsen die ährigen Blütenstände – fünf an der Zahl – in schwungvoller Geste in die Höhe.

Der Breitwegerich hat es mir angetan, wie er da auf dem sienaroten Fels wächst, ohne Erde, seine Wurzeln in die Felsritzen treibend. Die Pflanze lebt in einer Welt für sich, einer kargen und harmonischen Welt. Ich erahne die enge Verwobenheit dieser Pflanzenwelt mit derjenigen der mittelalterlichen Menschen.

Welch ein Unterschied zu Cy Twomblys Werken! Jene durchlüfteten Bilder, die einen mitnehmen in die Weite, die Pflanzenhaftes erahnen lassen und grosse Zusammenhänge spürbar machen. Bei Matthias Grünewald hingegen wollen die Kräuter erst entdeckt werden, klein und unscheinbar sind sie und doch von einer wunderbaren Gestalt und Lebendigkeit, als wollte der Maler uns zeigen, dass die Schöpfung bis ins kleinste von Weisheit und Heilkraft durchdrungen ist.

Greet Helsen

DIE PHILOSOPHIE

N. V. P. Unithiri und seine Tochter U. K. Padmaja

Mani Mezhukanal

N. V. P. Unithiri, Kozhikode (Indien), und Mani Mezhukanal, Le Mouret FR

Shiva und die heilige Lotosblume

Professor N. V. P. Unithiri beschäftigte sich ein Leben lang mit indischer Philosophie, Hinduismus und Sanskrit. Sanskrit ist die Sprache der ältesten indischen Literatur und Philosophie, sie spielt im Hinduismus auch heute noch eine wichtige Rolle. Unithiri übersetzte zahlreiche alte Sanskritmanuskripte – Gedichte, religiöse Texte, philosophische und naturwissenschaftliche Abhandlungen. Er ist seit drei Jahren emeritiert und wohnt in der südindischen Stadt Kozhikode, dem ehemaligen Calicut. Von ihm möchte ich erfahren, welche Rolle die Pflanzen im Hinduismus und in den indischen Philosophien spielen.

Ein Taxi bringt mich vom Bahnhof zu seinem Haus nahe der Universität. Nach der Begrüssung setzen wir uns an den Esstisch, barfuss, meine Sandalen habe ich vor der Haustür stehengelassen. Unithiri hat einen runden Kopf, beinahe kahl, trägt eine riesige Hornbrille, in seinen Augen liegt ein schalkhafter Glanz. Er trägt den traditionellen Dhoti, ein lose um die Hüfte geschlungenes Baumwolltuch.

Unithiri hat für seinen Gast aus der Schweiz eine Überraschung vorbereitet. Es ist ein altes Sanskritmanuskript, ein Stapel von Palmblättern, die mit filigranen Zeichen beschrieben sind. Mit grosser Sorgfalt öffnet er die Kokosschnur, mit der das Paket verschnürt ist, und legt die obersten Blätter vor mir aus. Die getrockneten Blätter sind lanzettförmig und so lang wie ein Arm. Einige sind schwer beschädigt. »Herrliche Palmblätter – diese hier sind etwa vierhundert Jahre alt«, sagt er und streicht liebevoll über eine der mürben Seiten. »Ich habe dieses und viele andere solcher Manuskripte übersetzt. Bei Sanskrittexten denkt man vor allem an philosophische und religiöse Abhandlungen, an Lyrik und Gedichte. Doch auch naturwissenschaftliche Werke sind von jeher bedeutend gewesen. Erst sieben Prozent aller wissenschaftlichen Sanskrittexte sind bis heute übersetzt. Das ist jammerschade.«

Unithiri interessiert sich speziell dafür, was Menschen zu verschiedenen Zeiten über die Natur wussten. Er leitete viele Jahre eine Projektgruppe zur Erforschung des indischen Naturverständnisses in der Antike und im Mittelalter.

Was kennzeichnet das indische Naturverständnis? »Pflanzen, Tiere und Menschen sind Teil eines Ganzen.« Ich frage ihn, wie diese sich unterscheiden. Er schweigt, überlegt lange: »Vielleicht sprechen sie alle in ihrer eigenen Sprache.« Sie unterscheiden sich durch ihre Sprache? »Ja doch, Elefanten zum Beispiel oder Hunde sprechen zweifellos miteinander. Wir verstehen sie aber nicht. Auch Pflanzen sprechen vielleicht miteinander.« Eine in bezug auf Pflanzen verblüffende Aussage. Ich erzähle ihm von meinem Besuch bei Wilhelm Boland, der untersucht, wie Limabohnen mit Hilfe von Duftstoffen mit Wespen oder Raubmilben kommunizieren. Unithiri ist nicht überrascht. Vielleicht sei es nur das Lachen, das uns von anderen Lebewesen unterscheidet, meint er lakonisch. Pflanzen und Tiere lachten nicht, das sei etwas speziell Menschliches. Ob er sicher sei, frage ich ihn. »Normalerweise lachen Tiere nicht, doch ja, vielleicht können Schimpansen lachen. Das weiss ich nicht.« Er lacht ein tiefes, etwas heiseres Lachen. »Es gibt viele graduelle Unterschiede zwischen Pflanzen, Tieren und Menschen auf verschiedenen Ebenen. Auch unter Menschen gibt es Abstufungen. Dies ist nicht das Zentrale. Viel wichtiger sind die Ähnlichkeiten. Gemäss den alten indischen Philosophien sind alle Wesen – ob Pflanzen, Tiere oder Menschen – Teil des Ganzen, des unbeschreibbaren Einen, von Brahman. Brahman könnte beschrieben werden als kosmische Seele oder als universeller Geist. Es durchdringt alle, sowohl uns Menschen wie auch Tiere und Pflanzen. In den Upanischaden – der Sammlung philosophischer Schriften des Hinduismus, die bis ins achte Jahrhundert vor Christus zurückgeht – heisst eine der wichtigsten Maximen ›Diese Erde ist eine einzige Familie‹, in unserer Sprache, dem Malajalam, ›*Vasudhaiva kutumbakam*‹. Wir alle sind eine Familie. Wir Menschen sind Verwandte der Pflanzen. Wir sind untrennbar mit ihnen und mit der Natur verbunden.«

Unithiri hat unterdessen weitere Palmblätter vor mir ausgelegt, und während ich ihm zuhöre und die tabakfarbenen Blätter mit den von Rand zu Rand in Kleinschrift verlaufenden Zeichen betrachte, taucht ein Bild vor mir auf. Es ist die Skulptur des Hindugottes Shiva, eine tanzende Figur aus glattem, rötlich schimmerndem Teakholz. Sie stand auf dem Cheminée in der Wohnstube von Mani und Danièle Mezhukanal, die ich vor meiner Indienreise an ihrem Wohnort Le Mouret im Kanton Freiburg besuchte.

Mani Mezhukanal lehrte bis vor ein paar Jahren an verschiedenen Universitäten Mathematik und indische Philosophie und bezeichnet sich als gläubigen Menschen. Während meines Besuches hielt er die Skulptur des in einem Flammenkreis tanzenden Shiva vor mich hin. Flammen, sagte er, symbolisierten Energie und Materie, beide seien untereinander austauschbar. Albert Einsteins berühmte Formel $E = mc^2$ werde hier vorweggenommen, meinte der Philosoph mit einem charmanten Lächeln und wies dann wieder auf Shiva. Dieser stand auf einem kleinen Tier, das seinerseits auf einer Lotosblume ruhte. Die Lotosblume sei eine heilige Pflanze, sie symbolisiere Befreiung und Reinheit. Sie wurzelt in trübem Schlamm, doch ihre Knospen schwimmen an der Oberfläche. Die grosse rosa Blüte öffnet sich nur bei Sonnenschein, bei Sonnenuntergang schliesst sie sich wieder. Sie öffnet sich also für das Licht und schützt alles vor der Dunkelheit. Vom Schlamm erhebt sie sich nach oben, gegen das Licht.

Bereits diese Figur zeige die engen Verwandtschaftsbeziehungen zwischen Menschen, Tieren und Pflanzen, fuhr Mani Mezhukanal fort. Er finde die Weltsicht, die sich im kosmischen Tanz des Shiva manifestiere, äusserst anregend. Auf einer praktischen Ebene unterscheiden Hindus sehr wohl verschiedene Stufen, von nichtfühlenden Wesen wie Steinen hin zu Pflanzen, Tieren, Menschen und überirdischen Wesen. Doch auf einer metaphysischen Ebene sind wir alle gleich, allesamt bloss eine Manifestation des einzig Göttlichen. Deshalb können wir Tiere und Pflanzen nicht einfach als Instrumente benutzen. Wir leben in Partnerschaft mit ihnen. Wenn der Respekt verlorengeht, gerät die kosmische Balance aus den Fugen.

Trotzdem würden wir Pflanzen und Tiere essen, wandte ich ein. »In den Upanischaden«, antwortete er, »erklärt Brahman: Ich bin der Esser und das Essen. Wir sind darauf angewiesen, Pflanzen zu essen, doch nach unserem Tod werden wir zu etwas, das andere essen. Diese Transformation begründet die tiefe Verwandtschaft aller Lebewesen untereinander. Alles Leben ist beseelt und bezieht sich wechselseitig aufeinander. Alles Leben ist heilig. Auch Pflanzen sind heilig. Sie sind nicht beliebig verfügbar.«

Der tanzende Shiva sei ein Symbol für die Erschaffung des Kosmos, aber auch für dessen Zerstörung. In der indischen Kosmologie spiegle sich das Wechselspiel von Werden und Vergehen wider, in jeder Realisierung des Lebens. Und, fügte Mani Mezhukanal an, Shiva sei halb männlich und halb weiblich. Tatsächlich hat die Skulptur rechts eine männliche Brust, links eine weibliche, und sie trägt einen männlichen und einen weiblichen Ohrring. »Hinduismus«, sagte mein Gastgeber, »ist eine Religion der Mythen, eine Religion der Symbole und Geschichten. Das finde ich viel interessanter als Dogmen.« Dann stellte er die Figur an ihren Ort zurück.

Damals war ich fasziniert von der Vorstellung des tanzenden Shiva in einem sich ständig verändernden Kosmos. Auch die Vorstellung, dass Gottheiten, Menschen und Lotosblumen alle beseelt sind, hatte es mir angetan.

Unvermittelt wende ich mich an Unithiri und frage, was seiner Meinung nach die Seele sei. Er lacht und sagt: »Seit Jahrhunderten wird über diese Frage gestritten. Innerhalb des Hinduismus gibt es viele Philosophieschulen und noch mehr Vorstellungen darüber, was eine Seele sein könnte. Unendlich viele. Es gibt spirituelle und materialistische Auslegungen der Seele. Einige Philosophen waren überzeugt, dass auch Pflanzen eine fühlende Seele haben.«

In antiken Zeiten, also vor unserer Zeitrechnung, fährt er fort, habe nur das ein und alles Umfassende existiert, Brahman, die kosmische Seele. Doch solch abstrakte Ideen waren für gewöhnliche Menschen schwer fassbar. Um etwa 400 nach Christus begannen Sanskritschüler, die grossen Ideen in Geschichten zu kleiden. Naturkräfte wurden als Gottheiten besungen, und damals berühmte Menschen wurden zu Göttern erhoben. Die Morgendämmerung fand Verehrung als Göttin Ushas, und Oshadis wurde die Göttin aller Pflanzen. In vielen dieser Epen und Gedichte finden sich grossartige Naturbeschreibungen. Da ist die Natur keineswegs bloss Dekoration, sondern ein wesentliches, mitgestaltendes Element. Sie spielt eine aktive Rolle. »Da sind Menschen eng verwoben mit den Lebensströmen, den Rhythmen und den Jahreszeiten der Natur. Natur und Mensch sind irgendwie identisch«, meint er.

Mit der Zeit, fährt Unithiri fort, entstanden immer mehr Gottheiten und deren Inkarnationen. Mythen und Symbole wurden kreiert. Neue Philosophien tauchten auf, es kam zu Abspaltungen und neuen Glaubensrichtungen. Der Hinduismus durchlief viele Evolutionen. Interessant sei, fügt er an, dass sich der Mensch dabei immer als Teil der Natur behandelt habe.

Ich frage ihn, ob er selbst glaube, dass Pflanzen Empfindungen haben. Wieder sein kehliges Lachen; er steht etwas umständlich auf und führt mich in den Garten. Dort wächst eine kleine Mimose mit einer rosa Blüte und gefiederten Blättern. Bei Berührung falten sich die Blätter sofort zusammen. Auf malajalam heisse diese Mimose – eine *Mimosa pudica – tottalvati,* was »Berühr-mich-nicht« bedeute, sagt er. Besonders sensible Personen nenne man auf malajalam Mimosen. Auch bei uns in Europa stehe die Mimose für Überempfindlichkeit, antworte ich, und in unserer Familie habe es oft geheissen: »Tu nicht so mimosenhaft!« Unithiri berührt nochmals ein Blättchen und ist entzückt über die blitzschnell zuklappenden Blättchen. Sie spürten unsere Berührung, meint er, und schützten sich sofort. Da komme man doch nicht umhin, an Empfindungen zu denken. Auch für den Bonner Zellbiologen František Baluška, erinnere ich mich, war die schnelle Reaktion der Mimose ein Hinweis auf eine mögliche Empfindungsfähigkeit.

Zurück im Haus, zeigt Unithiri mir ein Buch. Es ist ein zerlesenes Exemplar des von ihm herausgegebenen Werkes *Indische wissenschaftliche Traditionen.* Er schlägt es auf und zeigt mir seinen Beitrag über den Vṛkṣāyurveda, das »Wissen über das Leben der Bäume«. Diese Wissenschaft sei Teil der Sanskritliteratur und gehe bis ins vierzehnte Jahrhundert vor Christus zurück.

Zusammen gehen wir seinen Beitrag durch. In diesem Text des Vṛkṣāyurveda findet sich alles über Bäume. Er verweist auf Kapitel über deren Pflege und Düngung, über Aufzucht, Schneiden und Pfropfen. An einer Stelle wird erklärt, dass eine Kokospalme mit Gerstenmehl gedüngt werden müsse, damit sie gut wachse; und wenn ein Mangobaum früh Früchte tragen solle, müsse man ihn mit einem Sud aus Milch, Mangoblättern, Pappelfeigen und Tierfett düngen. Des weiteren wird erläutert, dass Bäume ähnlich wie Menschen erkranken können. Es folgen Ausführungen über medizinische Behandlungen von Bäumen und die Bekämpfung von Schadinsekten.

Von einem Kapitel des Vṛkṣāyurveda bin ich besonders angetan. Es handelt von Bäumen, die als Indikatoren für das Wachstum anderer Pflanzen herangezogen werden können. Der Salbaum *(Shorea robusta)* sei ein Indikator für Reis. Wer in seiner Nähe Reis anbaue, könne auf eine ertragreiche Ernte hoffen. Die Pappelfeige *(Ficus religiosa)* zeige an, dass verschiedenste Ernten in ihrer Umgebung gut gedeihen könnten, und die Jambolanapflaume *(Syzygium cumini)* weise auf gute Verhältnisse für Sesam und die Urdbohne *(Vigna mungo)* hin.

Beim Durchblättern der Seiten fallen mir der Detailreichtum und die poetische Sprache auf und bringen mich immer wieder zum Staunen. Auf eine entsprechende Bemerkung sagt Unithiri: »Diese genauen Beobachtungen zeigen vielleicht besser als alles andere, wie eng das Verhältnis zwischen den Menschen und den Pflanzen in den damaligen Zeiten war.« Und wie ist es heute? Er zuckt die Achseln. »Natürlich gibt es immer noch Menschen, die Pflanzen mögen. Es gibt auch Botaniker, die eine Ahnung von indischer Philosophie haben. Doch heute rennen wir alle hinter dem grossen Geld her. Vieles geht verloren.«

Nach dem Mittagessen mit seiner Frau und seiner Tochter legt sich Unithiri eine Weile schlafen. Seine Tochter gesellt sich zu mir. Sie heisse U. K. Padmaja, das bedeute »aufgehende Lotosblume«, sagt sie munter und erzählt, dass sie als Computerspezialistin in einer grösseren Firma in Pune arbeite. Ihr Mann sei Physikprofessor in Mumbai, neun Stunden Busfahrt von ihr entfernt. Er komme sie fast jedes Wochenende mit dem Nachtbus besuchen. Auch ihr Bruder U. K. Anandavardhanan lebe in Mumbai und lehre als Assistenzprofessor Mathematik. Er habe über Vaters Memoiren einen Blog produziert. Padmaja setzt sich an den Computer und öffnet den Blog. Ein Unithiri in jungen Jahren begrüsst uns auf dem Bildschirm. Im ersten Beitrag erzählt der Vater, wie er nach der Grundschule arbeiten musste, obwohl er als Klassenbester sehr gern weiter zur Schule gegangen wäre. Doch das Geld fehlte. Erst als der Bundesstaat Kerala das Schulgeld abschaffte, konnte er weiterstudieren – für ihn ein grosses Glück, denn Philosophie und Sanskrit wurden seine Leidenschaft. Nebenher verdiente er sich das Leben mit Unterrichtsstunden, Schreibaufträgen und dem Verfassen von Gedichten.

Unithiri ist inzwischen ins Arbeitszimmer zurückgekehrt, und wir nehmen unser Gespräch wieder auf, während seine Tochter den Computer abstellt und sich verabschiedet. Ich suche nach einer Fährte, um tiefer in das Thema hineinzukommen. Aus meiner Lektüre weiss ich, dass ein zentraler Pfeiler des Hinduismus die Lehre der Wiedergeburt ist. Deshalb frage ich meinen Gastgeber, ob Menschen nicht nur als Tiere, sondern auch als Pflanzen wiedergeboren werden können. Das wisse er nicht, sagt Unithiri. »Ich glaube nicht an die Wiedergeburt. Was nach meinem Tod passiert, interessiert mich nicht.« Ich bin erstaunt: Er hat Sanskrit und indische Philosophie gelehrt und glaubt nicht an die Reinkarnation? »In der indischen Philosophie gibt es auch eine atheistische Strömung. Eine Philosophie also, die weder den Glauben an eine Wiedergeburt noch an einen göttlichen Schöpfer oder Lenker beinhaltet.« Er lacht und fährt fort: »Ich selber war als Kind gläubig, so wie meine Eltern. Die intensiven Studien der indischen Philosophien machten aus mir einen Atheisten. Ich glaube nicht mehr an einen Gott. Die allgegenwärtige Verbundenheit aller Wesen kann auch so erklärt werden. Zwischen verschiedenen Planeten existieren starke Anziehungskräfte, ebenso zwischen unterschiedlichen Wesen auf diesem Planeten. Da braucht es keine Metaphysik.« Unithiri, ein Atheist – das hätte ich nicht erwartet.

Doch so gegensätzlich die Positionen auf religiösem Gebiet sind, in einem sind der Atheist Unithiri und der an eine spirituelle Wirklichkeit glaubende Mathematiker Mani Mezhukanal gleicher Meinung: Mensch und Natur bilden eine Einheit. Und dies ist das Fundament aller indischen Kulturen und Religionen.

Während unseres Gesprächs erwähnt Unithiri mehrmals den grossen indischen Physiker Jagadish Chandra Bose, der Anfang des zwanzigsten Jahrhunderts Experimente mit Pflanzen durchführte. Er habe beweisen können, dass alles Leben eine Einheit bilde und dass Pflanzen Empfindungen hätten, erzählt Unithiri. Ihm sei auf geniale Weise gelungen, indische Philosophie und westliche Naturwissenschaft zusammenzuführen.

Auf meiner Heimreise finde ich in einer Buchhandlung der südindischen Stadt Kochi ein kleines populäres Buch über weltweit bekannte Wissenschaftler. An erster Stelle erscheint Jagadish Chandra Bose, vor Galileo Galilei, Charles Darwin, Marie Curie, Albert Einstein … Wer war Jagadish

Chandra Bose? Zurück in der Schweiz, suche ich nach seinen Fährten.

Der indische Wissenschaftler wollte den »inneren Zustand« der Pflanzen sichtbar machen. Er war ganz Physiker, ihn interessierten nur objektiv messbare Daten. Als erstes wollte er wissen, was passiert, wenn eine Pflanze gereizt wird. Dazu verband er Pflanzen mit seinen hochsensiblen Messapparaten, berührte sie oder setzte sie einem Kälteschock aus. Bei allen Pflanzen konnte er messen, dass sie nach einer Reizung elektrische Signale aussenden. Er fragte sich, ob demnach auch Pflanzen elektrische Erregungen weiterleiten, wie dies Menschen und Tiere mit Hilfe der Nervenzellen tun.

Bei Tieren und Menschen können elektrische Signale zu Muskelkontraktionen führen. Also untersuchte Jagadish Chandra Bose, ob elektrische Signale auch bei Pflanzen Bewegungen auslösten. Er konstruierte den Resonanzrecorder, ein Instrument, das gleichzeitig zu den Strommessungen geringste Blattbewegungen aufzeichnen konnte. Eine feine Schreibnadel, die an einem Blatt befestigt wurde, notierte jede Bewegung auf eine mit Russ geschwärzte Platte. Diese drehte sich mit Hilfe eines Uhrwerks. Mit dem Resonanzrecorder untersuchte er neben der Mimose auch Tomaten, Chrysanthemen, Mango- und Bananenbäume. Überall fand er das gleiche Prinzip: Wurde eine Pflanze gereizt, zirkulierten in ihr elektrische Ströme, und dann bewegten sich die Blätter – sehr deutlich bei der Mimose, weniger ausgeprägt bei allen anderen Pflanzen. Der Physiker schloss daraus, dass Pflanzen ihre Blattbewegungen mit Hilfe von elektrischen Signalen kontrollieren. Pflanzen, stellte er fest, hätten ein »elektromechanisches Informationssystem«, das mit unserem Nervensystem vergleichbar ist.

Mit dem sogenannten Crescographen, einer Apparatur, mit der er Wachstumsbewegungen in zehn- bis hundertmillionenfacher Vergrösserung aufzeigen konnte, untersuchte er sodann kleinste Bewegungen in den Zellverbänden; er mass diese in Sekundenintervallen unter Normalbedingungen oder wenn die Pflanze gereizt wurde. Jagadish Chandra Bose registrierte in Blättern und anderen Geweben rhythmische und automatische Bewegungen: Zellverbände kontrahieren und schwellen in gleichmassigem Rhythmus wieder an. Zellverbände haben also einen Puls, vergleichbar mit demjenigen von Tieren und Menschen. Der Puls der Pflanzen ändert sich im Laufe des Tages und wird bei steigenden Temperaturen stärker und schneller.

Boses Entdeckungen warfen fundamentale Fragen auf – nach dem Wesen des Lebendigen, nach dem Unterschied zwischen Pflanzen und Tieren, nach Erregung und Empfindung bei Pflanzen. Sie stellten das Bild der Pflanze, das in der westlichen Wissenschaft vorherrschte, auf den Kopf. Pflanzen galten als lebende Maschinen, und zwischen Pflanzen, Tieren und Menschen bestanden unüberbrückbare Gräben. Doch seine Experimente würden beweisen, schrieb der Biophysiker, dass alle Lebewesen eng miteinander verwandt sind. »Denn wir finden bei der Pflanze und beim Tier ähnliche Kontraktionsbewegungen als Antwort auf einen Reiz, eine ähnliche Fortpflanzung der Pulsbewegung von Zelle zu Zelle, eine ähnliche Flüssigkeitsbewegung durch Pumpaktion, einen ähnlichen Nervenmechanismus für die

Leitung und ähnliche Reflexbewegungen an den entfernt liegenden Erfolgsorganen.« Er war auch überzeugt, dass Pflanzen Empfindungen haben, interpretierte diese aber auf einer physikalischen Grundlage.

Jagadish Chandra Bose wurde 1858 in Ostbengalen geboren, studierte in England Physik, Chemie und Botanik und lehrte als Professor für Physik am Presidency College in Calcutta. Über dreissig Jahre widmete er sich dem Studium der Pflanzen und schrieb dreizehn Bücher dazu. Für seine bahnbrechenden Entdeckungen über das pflanzliche »Innenleben« wurde er 1916 geadelt und 1920 als erster Inder Mitglied der renommierten britischen Royal Society. Nach seinem Tod 1937 gerieten seine Forschungen bei uns in Vergessenheit. »Die Diskrepanz zur westlichen Vorstellungswelt war wohl zu gross. In Indien hingegen kennt jedes Schulkind den grossen Physiker«, hatte mir Unithiri erzählt.

Jagadish Chandra Bose schrieb: »Damals, als ich auf die stummen Urheber dieser Autogramme aufmerksam wurde und darin eine Phase einer allumfassenden Einheit gewahrte, die alle Dinge in sich schliesst, – die Motte, die im Lichtgeriesel dahinflattert, das sprossende Leben auf unserer Erde, den strahlenden Sonnenschein über uns – damals verstand ich zum erstenmale ein Weniges von jener Botschaft, die meine Urahnen am Gestade des Ganges vor dreissig Jahrhunderten verkündet haben.«

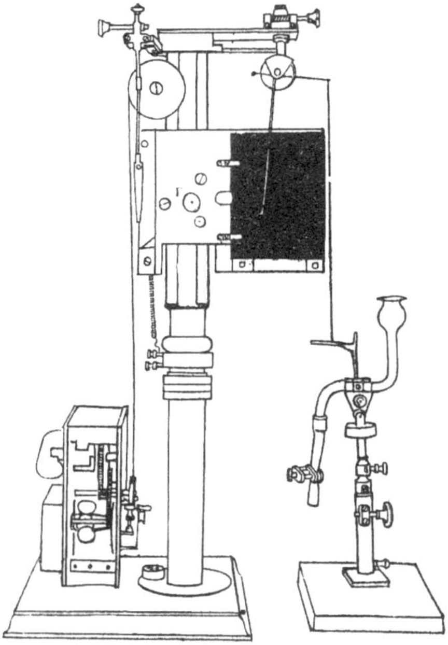

Resonanzrecorder von Jagadish Chandra Bose

Orangen gedeihen bei Sepp Holzer auf 1300 Metern Höhe – dank Wärmespeicher und geschützter Lage

Noch unreife Kiwifrüchte. Auf dem Krameterhof wachsen fünf verschiedene Kiwisorten

Schweine pflügen, eggen, düngen

Homegarden von Sebastian und Thankamma Thadathil

An einer Kokospalme wächst eine Pfefferpflanze empor

Sebastian zeigt eine einheimische »Viagra«-Pflanze (*Mucuna pruriens,* Juckbohne), in der anderen Hand hält er das Wörterbuch

Jackfruchtbaum im Homegarden

Die Bäuerin Akriti in ihrem Kletterpflanzengarten

Vielfalt auf einem lokalen Markt in Kerala

Saatgutverkäufer auf einem lokalen Markt in Kerala

Limabohne, die Versuchspflanze von Wilhelm Boland

Die Löcher in den Blättern der Limabohne wurden von MecWorm gestanzt

In den Dornen dieser Akazie *(Acacia collinsii)* wohnen Ameisen

Cy Twombly (*1928), »Empire of Flora«, 200 × 242 cm

Matthias Grünewald (um 1475/80–1528), »Bild des Einsiedlers« am Isenheimer Altar

Ausschnitt: Breitwegerich, unten links im Bild

Mimose *(Mimosa pudica)* in N. V. P. Unithiris Garten

Tanzender Shiva auf einer Dachterrasse in Südindien

Lotosblume

»Zukunft säen!« beim Bauernhof Waidhof, Zürich-Reckenholz, März 2008

Mit Stacheldraht umzäuntes und bewachtes Feld, auf dem später genmanipulierter Weizen ausgesetzt wird

Pressereaktionen auf den Bericht der EKAH,
Die Würde der Kreatur bei Pflanzen, April 2008

Hans Werner Ingensiep, Essen

Wie den Pflanzen die Seele abhanden kam

In der abendländischen Kultur widerfuhr der Pflanzenseele ein ganz anderes Schicksal als in indischen Religionen. Der Philosoph und Biologe Hans Werner Ingensiep ist dieser Geschichte nachgegangen, von Platon über Aristoteles bis in die Gegenwart, und hat darüber ein Buch geschrieben.

Ich besuche Hans Werner Ingensiep an der Universität Duisburg-Essen, steige an der falschen U-Bahn-Station aus und verirre mich prompt auf dem unübersichtlichen Campus mit seinen vielen Hochhäusern. Ein freundlicher junger Türke weist mir den Weg. Er studiere Mathematik und finde das Studium äusserst anspruchsvoll. Doch, es gefalle ihm sehr gut hier in Essen. Ich erzähle ihm von meinem bevorstehenden Interview über die Pflanzenseele. Er begleitet mich zum richtigen Lift, der mich zu Hans Werner Ingensieps Büro führt, und verabschiedet sich mit einem Lächeln.

Der Philosophieprofessor begrüsst mich herzlich, führt mich in sein Büro, und nach der Installation des Tonbandgerätes fangen wir gleich an. Was ihn denn bewogen habe, der Geschichte der Pflanzenseele nachzugehen, möchte ich wissen. »In der Philosophie ist dies die Geschichte einer unterlegenen und nicht die Geschichte einer siegreichen Idee. Viele Philosophen beschäftigen sich mit Menschen, einige mit Tieren, niemand mit Pflanzen.« Wurde er denn nicht angefeindet, da der Begriff Pflanzenseele in der Naturwissenschaft doch auf Ablehnung stösst? »Weniger angefeindet als belächelt, klar. Doch das Thema reizte mich. Ich bin überzeugt, dass alles, was wir mit Pflanzen machen, auch uns Menschen angeht. Bei Pflanzen fallen einfach die ethischen Bedenken weg. Gewebetransfer und Klonen wurden zuerst bei Pflanzen ausgeübt, dann bei Tieren, und nun haben wir die Diskussion bei Menschen.«

Hans Werner Ingensiep forscht über die Pflanzenseele. Doch was ist eine Seele? Er verwirft die Hände: »Ach du meine Güte, es gibt in der abendländischen Tradition mindestens zwei Dutzend verschiedene Vorstellungen über die Seele.« Das hänge von der Kultur ab und auch davon, wie wir die Natur begreifen. Die Geschichte der Seele sei vor allem auch eine Geschichte unserer Beziehungen zu anderen Lebewesen. »Was eine Seele hat, ist dasjenige, zu dem ich mich als Mensch in Beziehung setze. Mit etwas, das anscheinend unbeseelt ist – einem Stein oder einer Maschine –, setze ich mich nicht in Beziehung. Ob Pflanzen Seelen zugesprochen werden oder nicht, das hat tiefgreifende Auswirkungen auf unsere Beziehungen zu ihnen – auch dieser Geschichte wollte ich nachgehen.«

Wir starten unseren Spaziergang durch die abendländische Kulturgeschichte beim griechischen Philosophen Platon. »In Platons Naturphilosophie besitzen Pflanzen eine Seele«, sagt Hans Werner Ingensiep. »Platon hat aus seinem naturphilosophischen Vergleich zwischen der Seele der Pflanze und jener im menschlichen Unterleib geschlossen, dass Pflanzen begehren können müssen, um zu leben.« Doch was begehren könne, habe auch Empfindungen. In Platons Lehre hätten Pflanzen deshalb eine begehrende und empfindende Seele, so wie Tiere und Menschen auch. Ihr innerseelisches Empfindungsleben rücke die Pflanzen in die Nähe zum Menschen, doch im Unterschied zu diesen fehle Pflanzen eine Vernunftseele.

»Bereits bei seinem Schüler Aristoteles rutschte die Pflanze eine Stufe weiter nach unten«, fährt Hans Werner Ingensiep fort. Eine Pflanze, lehrte Aristoteles, habe prinzipiell keine Empfindungen und könne deshalb auch keinen Anspruch auf unsere Sympathie oder gar unser Mitgefühl haben. Aristoteles habe ihr lediglich eine empfindungslose »Lebensseele« zugestanden, eine Art Grundkraft des Lebendigen. Die Lebensseele ermögliche es der Pflanze, sich zu ernähren, zu wachsen und sich fortzupflanzen.

Dann bricht bereits hier die einstige Seelenverwandtschaft zwischen Pflanzen, Tieren und Menschen auseinander? Er nickt: »Bei Aristoteles tut sich eine unüberbrückbare Kluft zwischen Pflanzen und Tieren auf. Die Aristotelische Pflanzenseele lässt prinzipiell kein Empfindungsleben zu. Pflanzen sind für ihn unempfindlich und unbeweglich – das unterscheidet sie wesentlich von Tieren und Menschen.«

Hans Werner Ingensiep bückt sich, rumort lange unter seinem Schreibtisch herum und bringt endlich eine gelbe Plastiktüte hervor. Dieser entnimmt er eine verwickelte Schnur mit einigen merkwürdigen Gestalten. Er entwirrt das Ganze und hält es triumphierend vor mich hin: An der langen Schnur hängt zuoberst ein kleiner, antik anmutender Gipskopf mit Bart – es ist Aristoteles. Zwanzig Zentimeter weiter unten ist ein Schimpanse in die Schnur verknüpft, nach nochmals dieser Strecke ein etwas vertrockneter Avocadokern, und zuunterst hängt ein Kalkstein. »Das ist die hierarchische Seelenordnung von Aristoteles«, sagt Hans Werner Ingensiep und hängt die Schnur am Fenstergriff auf. »Es ist die Ordnung, mit deren Hilfe er die Dinge in der Natur klassifizierte: nach dem Prinzip der Vollkommenheit. Je höher der Seelenrang eines Wesens, desto höher der Rang in dieser Hierarchie.« Er bückt sich und zeigt auf den Stein zuunterst an der Schnur. Dieser habe gar keine Seele. Die etwas höher hängende Avocado besitze eine einzige Seele, ebenjene Lebensseele. Ein Tier, sagt Hans Werner Ingensiep, erhebt sich und zeigt auf den Schimpansen – den Aristoteles allerdings noch nicht gekannt habe –, ein Tier habe zwei Seelen, eine Lebensseele und eine wahrnehmende Seele. Beim Menschen komme als dritte Seele die Vernunftseele hinzu.

Diese klare hierarchische Ordnung sei auf jedem Lebensgebiet von Bedeutung. Sie bezeichne auch die Fressordnung auf dieser Welt. »Das Anorganische ist für das Organische da, die Pflanzen für Tiere und Menschen, und alle – Steine, Pflanzen und Tiere – für den Menschen. Der Mensch hat dank seiner Spitzenposition das Recht, absolute Herrschaft über die Natur auszuüben. Die Seele wird so zu einem Schlüsselbegriff für Hierarchie und Werteordnung in der Natur.«

Die Aristotelische Seelenordnung habe über zwei Jahrtausende das philosophische und biologische Denken der abendländischen Kultur geprägt, bis weit in die Neuzeit hinein, sagt der Philosoph. »Im Mittelalter wurde sie ›christianisiert‹. Da kamen die Engel hinzu.« Er entwirrt einen hölzernen Weihnachtsengel, zurrt ihn mit einem Goldbändel am Hals von Aristoteles fest und hält ihn hoch. Auch diese körperlosen Wesen seien beseelt. In der Seelenordnung nähmen sie natürlich die Topposition ein, ganz zuoberst. Darüber gebe es nur noch Gott.

Auf Aristoteles folgten die Stoiker. Ihre Wirkungsperiode reichte vom dritten vorchristlichen bis ins zweite Jahrhundert nach Christus. »Bei den Stoikern«, sagt Hans Werner Ingensiep, »ist der Begriff der Pflanzenseele unüblich geworden. Nun haben Pflanzen bloss eine Natur, eine Physis, aber keine Seele. Hier taucht zum erstenmal der Begriff *automatos* auf. *Auto* heisst selbst, und *matos* heisst bewegt. Ein Automat bewegt sich zwangsläufig, von selbst. Auch eine Pflanze bewegt sich ›von selbst‹. Sie ist von der Natur bestimmt; sie wird nicht durch eine eigene Seele bewegt. Nach stoischer Lehre ist die Pflanze ein unbeseelter Automat.«

Er lehnt sich zurück, den linken Arm locker über die Stuhllehne gelegt, rückt sich die ovale Brille zurecht und bemerkt: »Bereits in der Antike können wir feststellen, wie die Seele der Pflanze mehr und mehr entschwindet. Bei Platon hatte die Pflanze eine empfindende Seele, Aristoteles gestand ihr nur noch eine Lebensseele zu, und die Stoiker schlossen sie ganz aus dem Kreis der Beseelten aus. Und so geht es weiter.«

Im Mittelalter gab es immer wieder Vorstellungen zur Pflanzenseele. Philosophen wie Thomas von Aquin oder Albert der Grosse gaben ihr jeweils unterschiedliche Bedeutungen. Doch das waren Ausnahmen. Im grossen und ganzen galten Pflanzen als seelenlos.

Im siebzehnten Jahrhundert erlangte die Automatentheorie von René Descartes grosse Bedeutung. Doch eigentlich, bemerkt Hans Werner Ingensiep, habe dieser Philosoph die damals vorherrschenden Überzeugungen bloss weitergedacht. René Descartes habe die Pflanze als seelenlosen Lebensautomaten beschrieben. Man könne sie sich als eine Kiste vorstellen, in der sich Billardkugeln unterschiedlichster Grösse befinden. Sobald eine Kugel angestossen wird, bringt sie eine Kettenreaktion in Gang. Auf solchen Mechanismen und Kettenreaktionen beruhe der ganze Stoffwechsel der Pflanze.

In den Augen von René Descartes waren auch Tiere seelenlose Automaten. Hans Werner Ingensiep zeigt auf die am Fenstergriff baumelnde Seelenordnung von Aristoteles: »Diese galt immer noch. Descartes hat einfach die Trennlinie nach oben verschoben; nun sind neben den Steinen und Pflanzen auch die Tiere seelenlos geworden. Auf diese musste deshalb keinerlei Rücksicht genommen werden. Einzig dem Menschen schrieb er eine Geistesseele zu.«

Zwischendurch gleitet mein Blick über die Seelenordnung hinweg, zum Fenster hinaus. Draussen nichts als eine einförmige Hochhauswand, Fenster an Fenster, Stockwerk an Stockwerk, die ganze Sicht des Fensters ausfüllend, kein Baum, kein Himmel, nichts.

Eine kleine exotische Pflanze habe bald darauf erhebliche Aufregung am englischen Königshof verursacht, meint mein Gesprächspartner nach einer kurzen Pause. Um 1580 hätten Seereisende die Mimose entdeckt und nach London gebracht. Diese Pflanze reagiere heftig, wenn man sie berührt; sie klappe ihre Blätter zusammen. »Die Gelehrten jener Zeit fragten sich: Zeigt die Mimose tierähnliche Fluchtbewegungen? Hat sie gar Gefühle? Das widersprach allen Theorien der damaligen Zeit, insbesondere jener von René Descartes. Auf Anfrage des Königs beauftragte die Royal Society – die bedeutendste englische Wissenschaftsvereinigung – führende Biologen mit der Untersuchung der Mimose. Sie kamen zum Schluss – nicht ganz unerwartet –, dass Mimosen nichts empfinden könnten und automatenhafte Wesen seien wie alle anderen Pflanzen auch. Doch die Verunsicherung war gross«, sagt der Professor und schmunzelt. »Die Lehre René Descartes' war gerettet«, fasst er zusammen, »und hat sich in der Wissenschaftsgeschichte bis auf den heutigen Tag als äusserst erfolgreich erwiesen.«

Eine kurze Renaissance erlebte die Pflanzenseele Mitte des neunzehnten Jahrhunderts dank Gustav Theodor Fechner, nach Meinung Hans Werner Ingensieps dem »Hauptphilosophen der Pflanzenseele«. Er beschäftigte sich zeit seines Lebens mit botanischen, physikalischen, psychologischen, ästhetischen und religiösen Fragen. Sein berühmt gewordenes Buch *Nanna oder Über das Seelenleben der Pflanzen* ist ein breitangelegtes naturwissenschaftliches und philosophisches Plädoyer für die Pflanzenseele, auf der Höhe des Wissens jener Zeit. Er beobachtete, wie sich Blätter zum Licht hinwenden, er entdeckte und beschrieb viele weitere subtile Pflanzenbewegungen. All diese Bewegungen deuteten in seinen Augen darauf hin, dass eine Pflanze beseelt sei. Eine Seele, betonte Gustav Theodor Fechner, hänge von vielen einzelnen derartigen Anzeichen ab. »Ich glaube«, sagt Hans Werner Ingensiep, »ihm hat es Spass gemacht zu beweisen, dass Pflanzen eine Seele haben, denn er folgte nicht selten dem Prinzip ›Sag mir, was eine Seele ist, und ich zeige dir, dass auch Pflanzen diese Seeleneigenschaften haben‹.«

Mein Gesprächspartner redet gerne von Gustav Theodor Fechner. Vielleicht sind es Fechners Witz und intellektuelle Leichtigkeit, dessen Argumentierlust, die ihn faszinieren – Eigenschaften also, die durchaus auch auf ihn zutreffen. Vielleicht aber ist es Gustav Theodor Fechners virtuoses Einstehen für die Pflanzenseele – Hans Werner Ingensiep selbst ist da viel vorsichtiger. »Der erste Satz in meinem Buch heisst: ›Ob Pflanzen eine Seele haben oder nicht, soll und wird in diesem Buch nicht entschieden werden.‹« Das betont er während des Interviews gleich mehrmals. Und trotzdem findet sich in seinem umfangreichen Buch eine einzige Portraitaufnahme – diejenige von Gustav Theodor Fechner.

Fechner, fährt Hans Werner Ingensiep fort, habe kein systematisches naturwissenschaftliches System erschaffen. Er habe eher mit einer Art Spinnennetz versucht, die Pflanzenseele einzufangen. Er zielte damit auf ein neues Naturverständnis ab und schrieb: »Ob Pflanzen beseelt sind oder nicht, ändert die ganze Naturanschauung, und es entscheidet sich mit dieser Frage manches andere.« Eine beseelte Pflanze kann ich gern haben, ich kann sie respektieren und an ihr Anteil nehmen. Ist sie ein seelenloser Automat, fällt mir dies schwerer.

Gustav Theodor Fechner blieb ein Aussenseiter; seine Zeitgenossen lehnten solche Ideen radikal ab, sagt Hans Werner Ingensiep. In ihren Augen seien Pflanzen nichts anderes als ein Haufen von Zellen gewesen.

»Anfang des zwanzigsten Jahrhunderts«, fährt er fort, »gab es noch einmal eine Gegenbewegung zur mechanistischen Anschauung: die Pflanzenpsychologie. Ähnlich wie die Gesellschaft für Pflanzenneurobiologie von František Baluška und seinen Kollegen untersuchten damals Wissenschaftlerinnen und Forscher pflanzliche Reizreaktionen auf Licht oder auf Kälte. Sie fanden viele Parallelen zu Reizreaktionen bei Tieren und waren deshalb überzeugt, dass auch Pflanzen eine Psyche hätten. Es war eine kleine Forschungsgruppe, doch sie hatte in Deutschland und Österreich durchaus Erfolg; es war eine richtiggehend etablierte Wissenschaft mit einem Forschungsprogramm.«

Aber auch der Begriff Pflanzenpsychologie verschwand bald wieder. »Es kam zu einem Absturz der Pflanze. Schuld daran war – wenigstens teilweise – das Buch *Das geheime Leben der Pflanzen*. Das Buch hat viel kaputtgemacht in Sachen Pflanzenseele, weil alle früheren Lehren von Fechner, Aristoteles und Platon, aber auch vom indischen Physiker Bose als vorwissenschaftliche Schwärmerei und Esoterik abgetan wurden. Man warf alle in einen Topf.« Nach einer Pause fügt er an: »Der Abstieg der Pflanzenseele aus Naturwissenschaft und Philosophie und ihr Aufstieg in den Himmel der Esoterik und Parapsychologie schienen nach diesem Buch besiegelt. Das ist bis heute so.«

Er steht auf und holt uns zwei Tassen Kaffee. Er reicht mir einen Würfelzucker und öffnet einen Rahmbecher. Etwas Rahm spritzt auf den Tisch; er reinigt die Flecken sogleich mit einem Papiertaschentuch. Dann schaut er auf und resümiert: »Unsere über zweitausendjährige Kulturgeschichte der Pflanze ist also vom Ende her betrachtet eher eine Geschichte der Entseelung der Pflanze.«

Das sehe ich anders: »Sie sagten vorhin: Wer heute nach der Pflanzenseele fragt, möchte einfach wissen, ob die

Pflanze Empfindungen hat. Das können wir heute aufgrund vieler neuer Forschungsdaten nicht mehr ausschliessen. Vielleicht stehen wir also vor einem Comeback der Pflanzenseele.«

Energisch schüttelt Hans Werner Ingensiep den Kopf. Gegen eine solche Vermenschlichung der Pflanze wehre er sich vehement. Er springt auf und zeigt auf die am Fenstergriff baumelnde Seelenordnung. Wer so argumentiere, sei immer noch im Denkschema dieser Hierarchie gefangen. Früher habe es geheissen: Je mehr Seele ein Lebewesen habe, desto höher sei sein Rang. Der Mensch in der Topposition habe am meisten Seele. Forscher wie František Baluška und seine Kollegen tauschten nun einfach ›Seele‹ mit ›Gehirn‹ oder ›Nervensystem‹ aus. Es sei genau das gleiche hierarchische Denken. Er halte es für eine Überheblichkeit, das Gehirn zum Mass aller Dinge zu machen. Es sei verfehlt, Pflanzen uns Menschen ähnlich zu machen. Sie seien vom Wesen her völlig andere, ganz eigene Wesen. Ihr Fremdsein, ihr Anderssein zu akzeptieren sei viel schwieriger als jeder Versuch, sie zu vermenschlichen.

Er löst die Schnur vom Fenstergriff und stellt die Figuren demonstrativ auf den Schreibtisch vor mich hin, alle nebeneinander auf gleicher Höhe. Den Weihnachtsengel entfernt er ganz. Und legt los, ein streitlustiges Funkeln in seinen Augen. »Aus einer modernen Perspektive der Evolution ist die Seelenhierarchie des Aristoteles unsinnig. Heute sehen wir das als ein Nebeneinander, wie hier auf dem Tisch, und nicht als ein Untereinander. Von Charles Darwin und seiner Evolutionstheorie haben wir ja noch gar nicht gesprochen – sie hat die Seelenordnung des Aristoteles wohl am nachhaltigsten widerlegt. Charles Darwin postulierte erstmals, dass sich Lebewesen im Laufe der Zeit dank natürlicher Auslese immer wieder verändern. Sie passen sich möglichst optimal an ihre Umgebung an; sie entwickeln sich weiter. Die moderne Evolutionslehre untergräbt gleich beide Grundpfeiler der Aristotelischen Seelenordnung. Der eine ist: Lebewesen bleiben sich immer gleich, über Generationen hinweg. Heute wissen wir, dass sie sich im Laufe der Evolution verändern, sie sind in die Geschichte eingebunden. Der zweite Pfeiler ist die hierarchische Ordnung. Das stimmt nicht. Pflanzen und Tiere entwickeln sich parallel zueinander weiter, jedes in eine andere Richtung. Es ist eine Weiterentwicklung und keine Höherentwicklung! Manchmal findet die Evolution auch zusammen statt, wie zum Beispiel bei Blütenpflanzen und Insekten.«

Er pausiert einen kurzen Moment; ich packe die Gelegenheit beim Schopfe: Natürlich bin ich mit seinen Ausführungen zur Evolution einverstanden. Doch wir sollten nicht vergessen, dass Tiere und Pflanzen gemeinsame Wurzeln haben. Beide entstanden aus denselben einzelligen Lebewesen. Die Grundlagen für eine Empfindungsfähigkeit könnten sich während dieser drei Milliarden Jahre dauernden Evolution einzelliger Lebewesen entwickelt haben. Und es gibt sicherlich unterschiedliche Qualitäten von Empfindungsfähigkeit. »Mag sein, darüber kann man nachdenken«, meint Hans Werner Ingensiep etwas versöhnlicher. »Pflanzen haben eine gemeinsame Naturgeschichte mit Tieren. Doch zugleich eine ganz andere, ganz eigene.«

Nach einigem Hin und Her einigen wir uns auf den folgenden Punkt: Das Bild der neuen Seelenordnung müsste ergänzt werden. Auf dem Boden sollte ein riesiger Kessel stehen, in dem eine Ursuppe aus Einzellern brodelt. Daraus fächern sich unzählige Schnüre nach allen Seiten hin. Einige Schnüre teilen sich in mehrere Stränge auf. Auch die Avocado, der Schimpanse und der Gipskopf von Aristoteles sind an solchen Schnüren befestigt. Dieser dynamische und offene Kreis von Gestalten, die sich in alle Richtungen entwickeln, bildet die Realität besser ab als die statische Hierarchie der Lebewesen, die sich im abendländischen Denken bis heute hält.

»Grundsätzlich gibt es aus der Perspektive der Evolution also keinerlei gute Gründe, Pflanzen zu Underdogs in der Ethik zu machen«, bemerkt der Philosoph. »Doch es gibt aus ethischer Sicht eine grosse Differenz zwischen Pflanzen und Tieren einerseits und Menschen andererseits: Menschen sind bisher die einzigen bekannten Wesen, die moralische Verantwortung übernehmen können – für Menschen, für Tiere und für Pflanzen.«

Wir verabschieden uns bald darauf, und er verstaut die Seelenordnung wieder in der gelben Plastiktüte.

Hans Werner Ingensiep

Mehr als die Summe ihrer Gene

Auf dem Bauernhof Waidhof bei Zürich haben sich im März 2008 vierhundert Leute versammelt. »Zukunft säen!« heisst die Aktion, die vom Getreidezüchter Peter Kunz und vom Biobauern Ueli Hurter initiiert wurde und von Greenpeace unterstützt wird.

Etwas später erhalten wir alle ein Mass Weizenkörner. Der Bioweizen heisse Fiorina, erklärt Peter Kunz. Fiorina sei robust und erbringe einen guten Ertrag. Wegen seiner guten Backqualität sei er im In- und Ausland beliebt. Und vor allem: Fiorina besitze eine ausgezeichnete Resistenz gegen den Mehltaupilz.

Wir begeben uns zum Feld, stapfen durch die noch feuchte Erde entlang den beiden Längsseiten des Ackers und stellen uns in zwei langen Reihen gegenüber voneinander auf. Mitten im frisch gepflügten Acker steht Ueli Hurter und erläutert mit Hilfe eines scheppernden Megaphons den Säerschritt: Langsam ausschreiten müssten wir, in langen, bedächtigen Schritten, und das Saatgut in weit ausholenden Armbewegungen nach links und nach rechts auswerfen. Vincent van Goghs Bild des Säers kommt mir unwillkürlich in den Sinn, und bereits gehen die zwei Reihen langsam aufeinander zu, Schritt für Schritt, den Weizen aussäend, durchkreuzen sich und gelangen auf die jeweils andere Seite des Feldes, fast wird einem ein wenig feierlich zumute.

Während des Säens hören wir den Lärm eines Helikopters. Er kreist über einem von hohem Stacheldraht umzäunten Feld, von uns aus gut sichtbar und keine dreihundert Meter entfernt. Dort bringen Forschende der Eidgenössischen Technischen Hochschule Zürich in nächster Zeit genmanipulierten Weizen aus.

Ueli Hurters Stimme ist in diesem Lärm nur mehr schlecht zu hören. Unser Feld werde am folgenden Tag geeggt und das Saatgut mit etwas Erde zugedeckt; nach einer Woche sollten bereits die grünen Spitzen der Weizenpflanzen sichtbar werden. Diese Aktion sei ein Symbol für unsere Zukunft, für eine fruchtbare Landwirtschaft, für nachhaltige Forschung. Sie sei auch ein Zeichen gegen den genmanipulierten Weizen von dort drüben.

Dieser Weizen enthält ein fremdes Gen, das ihn gegen den Mehltaupilz resistent machen soll. »Über die Wirksamkeit einer solchen Methode im Freiland sowie mögliche Risiken ist noch wenig bekannt«, steht in der Broschüre mit der Versuchsbeschreibung.

Warum aber manipulieren sie ausgerechnet Weizen, die Grundlage unseres täglichen Brots? Und was bringt eine Mehltauresistenz, wo doch bereits Fiorina eine ausgezeichnete Resistenz gegen diesen Pilz besitzt und schon auf dem Markt ist? Wie wirken sich die genmanipulierten Pflanzen auf die hilfreichen Pilze in der Wurzelregion aus, auf Regenwürmer, auf nützliche Insekten? Höchstwahrscheinlich, denke ich, wird sich auf diesem Feld keine ökologische Katastrophe ereignen. Die Frage ist einfach: Was passiert, wenn doch etwas schieflaufen sollte? Genveränderte Lebewesen können sich verbreiten und vermehren. Sie sind nur sehr beschränkt rückholbar. Die Natur wird zum Labor.

Wir spazieren zum Hof zurück, wo inzwischen zwei Musiker der bekannten Gruppe Stiller Has zu spielen begonnen haben. Die Sonne scheint, viele Leute drängen sich um die Tische, junge Frauen schenken Gemüsesuppe aus, Biobäcker offerieren feine Weizenbrötchen – es ist eine ausgelassene Stimmung, ein richtiges Gartenfest.

Als ich an einem Tisch sitze, mit einem Stück Kuchen und einem Pappbecher voll Kaffee, überkommt mich ein überwältigendes Gefühl eines Déjà-vu. Um mich herum viele Bekannte, die sich wie ich seit Jahren gegen die Freisetzung genmanipulierter Pflanzen zur Wehr setzen. Seit über zwanzig Jahren die gleichen Auseinandersetzungen und die gleichen Argumente.

Im Kern des Konflikts stehen unterschiedliche Weltbilder. Seit Watson und Crick 1953 die Struktur der Gene entdeckt hatten, rückte das Erbgut mit seinen Genen ins Zentrum allen Forschungs- und Züchtungsinteresses. Der Blick auf die ganze Pflanze ging dabei verloren. Es zählten nur noch die Gene. Pflanzen – wie alle Lebewesen – wurden als Ausprägung ihrer Gene wahrgenommen. Das ist heute in der Agrogentechnik immer noch so. Gibt es Probleme, werden Lösungen auf der genetischen Ebene gesucht – wie beim genveränderten Weizen jenseits des Stacheldrahtes, dem im Labor ein fremdes Genkonstrukt ins Erbgut eingeschleust wurde, damit die Pflanze Pilzgifte gegen den Mehltaupilz produziert.

Ganz anders sieht die Züchtungsarbeit von Peter Kunz aus, der mir gegenübersitzt und eine Gemüsesuppe löffelt.

Seit den achtziger Jahren züchtet er biologisches Getreidesaatgut. Züchtung heisst für ihn vor allem genaues und geduldiges Beobachten, wie eine Pflanze aussieht, wie sie wächst und sich verändert. Mit viel Einfühlungsvermögen in die Gestaltungsmöglichkeiten kann er aus Tausenden von Pflanzen im Zuchtgarten die geeigneten Kandidaten aussuchen, die dann einem rigorosen Prüfungsverfahren unterliegen. Er sieht die Pflanze als Ganzes, nicht bloss als Summe ihrer Gene. Für den Biolandbau, erzählt er mir, brauche es Weizenpflanzen, die eine andere Biographie haben als konventioneller Weizen: Der Bioweizen müsse im Frühling kräftig wachsen, auch ohne dass er synthetischen Stickstoffdünger erhält. »Diese Frühjahrswüchsigkeit ist nötig, um das Unkraut zu unterdrücken, denn im Biolandbau dürfen keine Herbizide gespritzt werden. Später soll der Weizen regelmässig wachsen. Spriesst er zu schnell, wird er gegen Pilzkrankheiten anfällig. Und am Ende soll die Pflanze langsam von unten nach oben ausreifen. Denn nur dadurch entsteht eine hohe Qualität. Bei den konventionellen Weizensorten ist der Fruchtstand oft oben gelb und fahlgrau, während die unteren Blätter immer noch grün sind. Das ist eigentlich kein Ausreifen, sondern nur ein Absterben.« Rund vierzig Prozent des heute in der Schweiz produzierten Bioweizens stammen aus seiner Zucht, und auch jenseits der Grenze sind seine Züchtungen bekannt.

Die Art, wie Peter Kunz von seinen Weizenpflanzen erzählt, von seinem respektvollen Umgang mit ihnen, erinnert mich stark an Sepp Holzer mit seiner Permakultur und an den Inder Sebastian Thadathil mit seinem Homegarden. Der Biologe und Philosoph Ernst-Michael Kranich beschrieb dies so: »Es braucht auch Forschung, bei der sich Forschende auf die Pflanze einlassen, an ihr teilnehmen, sich in die Pflanze hineinversetzen, auf dass die Natur in uns vernehmbar werde.« Für alle drei sind Pflanzen Individuen mit einer jeweils eigenen Geschichte. Keine Laborproduktionen. Keine Sachen.

Nach einer weiteren halben Stunde verabschiede ich mich – das Fest ist noch voll im Gange.

Vier Wochen später stellt die Eidgenössische Ethikkommission für die Biotechnologie im Ausserhumanbereich EKAH, der auch ich angehöre, ihren Bericht *Die Würde der Kreatur bei Pflanzen – Die moralische Berücksichtigung von Pflanzen um ihrer selbst willen* der Presse vor. Worum geht es?

Die Schweizer Bundesverfassung gesteht allen Kreaturen – also auch Pflanzen – eine Würde zu, die zu achten sei. Das ist einmalig: Kein anderes Land der Welt kennt eine solche Verfassungsnorm. Der Bundesrat erteilte der Ethikkommission im Jahr 2004 den Auftrag zu erkunden, was der Verfassungsartikel, die Würde der Kreatur sei zu beachten, auf Pflanzen bezogen bedeuten könnte.

Würde also – ich tat mich anfangs schwer mit diesem Begriff. In meinen Ohren haftete ihm etwas Altehr-Würdiges, fast ein bisschen Verstaubtes an. Würde ist zudem etwas, was dem Menschen zusteht. Der Begriff Würde stammt vom althochdeutschen *wirdekeit* ab, das auf Wert, Wertigkeit oder Wertsein verweist. Würdig war eine Person, die wegen ihrer grossen Tugendhaftigkeit oder ihres hohen Ranges besondere Wertschätzung genoss. Und nun soll auch einer Maispflanze oder einem Salatkopf Würde zukommen? Sind derartige Vermenschlichungen nicht unzulässig oder schlicht lächerlich?

Andererseits: Mit dem Begriff Würde kann ein Zeichen dafür gesetzt werden, dass neben Menschen auch Tiere und Pflanzen einen Eigen-Wert haben: einen Wert um ihrer selbst willen, unabhängig von menschlichen Interessen.

In der Ethikkommission haben wir versucht, die ethischen Grundlagen zu erarbeiten, aus denen heraus der Pflanze eine Würde zugeschrieben werden kann, ohne daraus bereits konkrete Schlussfolgerungen zu ziehen. Entstanden ist die Broschüre *Die Würde der Kreatur bei Pflanzen.*

Das Echo auf unsere Pressekonferenz ist gross. Zeitungen, Radio und Fernsehen berichten: »Pflanzen haben eine Würde!« Einige Medien gehen sorgfältig auf den Bericht ein, andere überschütten uns mit Spott und Häme. Über die Würde des Kaktus wird gehöhnt oder darüber, dass nun auch das Jäten eines Löwenzahns ethisch verwerflich sei. Ich aber bin glücklich, dass überhaupt einmal eine öffentliche Debatte über den Status der Pflanze stattfindet.

So hatte es auch bei den Tieren begonnen. Auch sie wurden lange Zeit als lebende Maschinen betrachtet, die nach einem eingebauten genetischen Programm funktionierten. Heute sind zumindest die »höheren« Tiere dieser mechanistischen Falle entronnen. Wir gestehen ihnen – wenigstens teilweise – zu, dass sie eine Würde besitzen und um ihrer selbst willen zu respektieren sind. Tiere sind keine Sachen mehr. Als Resultat dieser Diskussion gibt es gesetzliche Regelungen über eine artgerechte Tierhaltung. Und Genmanipulationen sind in der Schweiz zumindest bei Haustieren und Nutztieren in der Landwirtschaft verboten.

Wie sich dies geändert hat! Ich erinnere mich, wie ich als junge Lehrerin mit einer Klasse im Biologieunterricht Ratten sezierte und wie schwer es war, sie vorher mit Chloroform zu töten. Das würde ich heute um nichts in der Welt mehr tun.

Die Diskussion um die Würde von Pflanzen ist noch meilenweit von diesem Punkt entfernt. Mit Pflanzen kann heute alles gemacht werden; es gibt keinerlei ethische Bedenken, kein Problembewusstsein. Warum eigentlich?

Ähnlich wie bei Tieren kann es natürlich nicht darum gehen, dass Pflanzen nicht mehr gegessen oder für andere Zwecke verwendet werden dürfen. Es geht auch nicht ums Jäten, Mähen, Beschneiden, Fällen, Pfropfen, Ausreissen oder Häckseln von Pflanzen.

Wo also sind die Grenzen, wann wird die Würde einer Pflanze missachtet? Nach meinem Empfinden ist dies bei der massenhaften und vollständigen Instrumentalisierung von Pflanzen der Fall. Bei der Hors-sol-Tomate zum Beispiel, die Nährstoffe und Wasser per Tropfenzähler erhält, bis zu acht Meter lang wird und keinerlei Möglichkeit hat, ein eigenständiges Leben zu führen. Oder bei der genmanipulierten Maispflanze, die mit der Terminatortechnologie steril gemacht wurde. Oder bei der patentierten Pflanze.

Verstehen das andere auch so? Mich reizte, an diesem Thema weiterzudenken, zusammen mit Leuten aus ganz verschiedenen Fachbereichen. Vor zwei Jahren lancierten wir das Projekt »Pflanzen neu entdecken«. Fünfzehn Leute trafen sich seither zu mehreren ganztägigen Diskussionsrunden; beteiligt waren Experten und Expertinnen aus der

Landwirtschaft, der Botanik, der Philosophie, der Biologie und der Gärtnerei.

Im Mittelpunkt unserer Überlegungen stand die Pflanze. Ihr versuchten wir uns von verschiedenen Seiten her anzunähern und aus dem neuentstandenen Pflanzenbild heraus nach Grenzen zu suchen. Wir wollten den Versuch wagen, diese Grenzziehungen mit konkreten Forderungen – den Anspruchsrechten der Pflanze – zu verdeutlichen. Wir formulierten unsere eigenen Visionen und schauten nicht von Anfang an auf gesellschaftlich durchsetzbare Kompromissvorschläge. Entstanden sind die »Rheinauer Thesen zu Rechten von Pflanzen«, die auf Seite 157 folgen. Sie widerspiegeln den Diskussionsstand vom Juni 2008. Die Debatte geht weiter, auch nach dem Erscheinen dieses Buches. Wir sind erst am Anfang.

Die Rheinauer Thesen verweisen auf die gemeinsame Herkunft aller Lebewesen, die sich aus den zahlreichen Gemeinsamkeiten zwischen Pflanzen, Tieren und Menschen auf der Ebene der Zelle ableiten lässt. Pflanzen sind jedoch keine langsamen oder niederen Tiere, sondern eine eigene Lebensform. Pflanzen sind vielleicht sogar empfindungsfähig. Sie sind Individuen, haben ein Selbst und erleben die Welt auf ihre eigene Weise, die für uns schwer zugänglich ist. Die Thesen halten auch fest, dass unser Wissen über Pflanzen sehr beschränkt ist. Nur wenn wir uns auf das eigenständige Sein der Pflanzen einlassen, entwickeln wir Fähigkeiten, sie neu zu verstehen, jenseits naturwissenschaftlicher Erkenntnisse. Es ist daher nötig, dass wissenschaftliche, emotionale, ästhetische, intuitive, spirituelle und religiöse Wissenszugänge miteinander verknüpft werden.

Mit der Formulierung von Anspruchsrechten für Pflanzen betraten wir Neuland. So sollen Pflanzen ein Recht auf Fortpflanzung und auf Eigenständigkeit haben. Weiter formulierten wir Rechte auf das Überleben der eigenen Art, auf respektvolle Forschung und auf Nichtpatentierung. Solche Grenzen sind nicht nur für die Pflanzen wichtig, sondern auch für uns selbst, da wir unsere Existenz im wesentlichen über unsere Beziehungen zu anderen Menschen, Tieren, Pflanzen und der ganzen Umwelt definieren.

Natürlich ist es schwierig herauszufinden, wo wir die Grenzen in unseren Handlungen den Pflanzen gegenüber überschreiten. Pflanzen können sich an sehr viele Manipulationen anpassen, ohne dass sie ein Zeichen geben, wo ihre Grenzen sind. Doch ist dies bei Tieren so anders? Als Mädchen verbrachte ich in den Ferien manche Stunden im Stall und schaute dem Bauern beim Melken zu. Die Kühe sahen ganz zufrieden aus – obwohl sie den ganzen Winter angekettet im Stall standen. Sie wussten nicht, dass zu ihrem »artgerechten Verhalten« tägliche Bewegung im Freien gehört. Den Referenzpunkt für ein Stoppsignal fand man erst, als man freilebende Tiere beobachtete. Aus ihrem Verhalten leitete man Bedingungen für eine artgerechte Kuhhaltung ab: Kühe müssen nun auch im Winter regelmässig Auslauf erhalten.

Auch Pflanzen zeigen unter Laborbedingungen ein anderes Verhalten als in der freien Natur. Wie komplex pflanzliches Verhalten sein kann, wurde erst entdeckt, als die Forschenden ihren Arbeitsplatz vom Labor in die Natur verlegten. Diese Forschung könnte uns ebenfalls Indizien für Pflanzenrechte liefern.

Im Mai 2008 bietet sich die Gelegenheit, die Rheinauer Thesen mit einem internationalen Publikum zu diskutieren: Am Weltkongress Planet Diversity in Bonn nehmen sechshundert Leute teil, Thema sind der Erhalt und die Erneuerung der biologischen Vielfalt. Zu unseren Thesen findet ein Workshop statt. Rund zwanzig Leute, aus allen Weltgegenden stammend und verschiedenen Religionen angehörend, nehmen an der Diskussion teil. Die lebhafte Debatte wird auf englisch, deutsch und französisch geführt, mit Flüsterübersetzungen. Nach dem Workshop befrage ich die Thailänderin Parichart Suwambubbha, die Palästinenserin Razan Zuayter und die Inderin Suprabha Seshan nach ihren Eindrücken zu den Rheinauer Thesen.

Parichart Suwambubbha ist Buddhistin und Professorin an der Mahidol-Universität in Thailand. Sie lehrt vergleichende Religionswissenschaften und hielt an unserem Workshop ein Einführungsreferat zur Bedeutung der Pflanzen im Buddhismus. Razan Zuayter betreibt in Jordanien eine Baumschule mit trockenresistenten Gewächsen, Olivenbäumen zum Beispiel oder Zitrus-, Granatapfel- und Neembäumen, auch Palmen. Suprabha Seshan bewahrte zusammen mit anderen im bergigen Hinterland Südindiens eine grössere Waldfläche vor der Zerstörung. Dort hegen und pflegen sie bedrohte einheimische Wildpflanzen – es sei in bezug auf Artenvielfalt das grösste botanische Reservat Indiens, sagt sie stolz. Sie führt jährlich Hunderte von Schulklassen durch ihren wilden Wald.

Wir sitzen im Gras neben der Cafeteria, umgeben von Teppichen weissblühender Gänseblümchen. Ein Chinesischer Blauglockenbaum mit seinen lilafarbenen Blüten spendet uns etwas Schatten. Parichart Suwambubbha sagt, dass Pflanzen im Buddhismus ein hohes Ansehen genössen – die Thesen seien ihr deshalb sehr vertraut vorgekommen. Dem pflichtet Suprabha Seshan bei: »Da gibt es anderswo Leute, die aussprechen, was wir alle glauben, aber nicht artikulieren können. Das ist unglaublich ermutigend.« Razan Zuayter sagt, ihr hätten vor allem die Anspruchsrechte imponiert. Der sinnlosen Zerstörung von Pflanzen und Bäumen müssten Grenzen gesetzt werden.

Mit einem Punkt aber haben sowohl Suprabha Seshan wie auch Razan Zuayter Mühe: der These nämlich, dass Pflanzen ein Selbst haben sollen. »Aus meiner Sicht sind alle Wesen in einem grossen Ganzen eingebettet, da sollte die Pflanze nicht privilegiert werden«, sagt die Palästinenserin und wird von der Inderin unterstützt: »Auch wir glauben an eine Einheit, eine grundsätzliche Verbundenheit aller Lebewesen miteinander. Wenn wir nun von einem Pflanzen-›Selbst‹ sprechen, dann schaffen wir eine Art separate Einheit. Eine in sich abgeschlossene Existenz. Doch gerade das wollen wir auflösen. Pflanzen sind Teil des Ganzen, keine separaten Individuen oder ›Selbste‹.« Vielleicht meinten wir das gleiche, entgegne ich. In der westlichen Wissenschaft kämen wir vom anderen Ende her: »Da galt eine Pflanze bisher als eine Art lebender Automat. Dieses Bild der Pflanze wird in den Thesen vom Kopf auf die Füsse gestellt: Eine Pflanze lernt aus Erfahrungen und ist vielleicht sogar sensibel. Sie hat ein Selbst. Sie lebt als ein Selbst. Dieses Selbst ist für uns schwer nachvollziehbar, trotzdem existiert es. Dadurch gehört die Pflanze zur Gemeinschaft aller Lebewesen, sie ist Teil unseres Beziehungsnetzes, eben weil sie ein Selbst hat und keine seelenlose Maschine ist.« Unterstützung erhalte ich von Parichart Suwambubbha, der solche kulturellen Unterschiede in den Grundhaltungen geläufig sind.

Zurück in Münchenstein, in meinem Garten sitzend, über die letzten Jahre sinnierend. Es war wieder eine lange Reise. Nicht nur die vielen Kilometer durch Europa und bis tief in die indische Provinz. Und auch nicht nur durch die unterschiedlichen Sichtweisen von den Bauernhöfen über die High-Tech-Labors in den Universitäten bis zu den Philosophen und Theoretikern der Pflanzenkommunikation, den intuitiv Wissenden und der Künstlerin im Atelier. Auch mein Blick hat sich – für mich eher unerwartet – verschoben. Ein Freund, der das Buchmanuskript zum Redigieren bekommen hatte, fragte mich, durch welche Erfahrung ich eigentlich den Pflanzen am nächsten gekommen sei. Und ohne es mir vorher überlegt zu haben, war für mich sofort klar, dass dies durch die Kunst geschehen war. Sei es durch den Isenheimer Altar, sei es durch die Bilder von Cy Twombly und die moderne Kunst oder auch durch mein eigenes Malen. Da öffnete sich mir eine Tür zur Pflanzenwelt, jenseits dessen, was mit Sprache beschrieben werden könnte.

Natürlich kommen wir um die Forschung und das Theoretisieren nicht herum, wenn wir in unserer Gesellschaft unser Verhältnis zu den Pflanzen auf eine neue Basis stellen wollen. Aber es liegt auch etwas ungemein Tröstliches darin, dass man auch dadurch lernen und begreifen kann, dass man sich vor das Bild einer grossen Künstlerin oder in einen botanischen Garten oder auf eine Bergwiese setzt und einfach schaut – und staunt.

Parichart Suwambubbha

Razan Zuayter

Suprabha Seshan und Florianne Koechlin

Bergföhre am Mont Raimeux im schweizerischen Jura.
Sie erinnert an eine chinesische Tuschzeichnung. Stürme, Kälte und unzählige Frassfeinde können ihr nichts anhaben

Pflanzen neu entdecken –
Rheinauer Thesen zu Rechten von Pflanzen

Im Wissen darum, dass alle Lebewesen eine gemeinsame Herkunft haben,

in Erwägung, dass uns Pflanzen in ihrer Andersartigkeit letztlich immer ein Geheimnis bleiben werden,

im Bestreben, das Wesen der Pflanze tiefer zu ergründen und sie in ihrer Einzigartigkeit zu schützen,

formulieren wir die folgenden Thesen mit dem Ziel, die Pflanze um ihrer selbst willen zur Sprache zu bringen und Anspruchsrechte für sie geltend zu machen.

Die Pflanze

1. Pflanzen sind Lebewesen.

2. Pflanzen sind Tieren und Menschen verwandt. Alle haben wir unseren gemeinsamen Ursprung in einzelligen Lebewesen, die sich in einer fast drei Milliarden Jahre dauernden Evolution zu einer einzigartigen Vielfalt an Lebensformen differenziert haben.

3. Die gemeinsame Geschichte führt zu vielen Übereinstimmungen auf der Zellebene.

4. Doch Pflanzen sind zugleich anders als Tiere und Menschen. So sind sie etwa ortsgebunden und betreiben Photosynthese. Sie schaffen die Grundlage für die Ernährung von Tier und Mensch.

5. Wir dürfen nicht der Versuchung erliegen, sie zu vermenschlichen. Pflanzen sind auch keine ›langsamen‹ oder ›niedrigen‹ Tiere, sondern eine eigene Lebensform.

6. Wie alle Lebewesen reagieren Pflanzen auf ihre sich dauernd verändernde Umwelt. Sie kommunizieren miteinander und mit anderen Lebewesen, über und unter der Erde. Sie benützen dazu Duftstoffe und andere, vielfältige Signale. Ihr Wachstum und ihre Reaktionen auf die Umwelt sind keine ausschliesslich genetisch fixierten Reflexe. Pflanzen passen sich individuell an.

7. Über die Empfindungsfähigkeit von Pflanzen wissen wir noch sehr wenig. Zell- und Molekularbiologie liefern zwar Indizien, die eine Empfindungsfähigkeit möglich erscheinen lassen; komplette Indizienketten fehlen aber bisher. Zu behaupten, Pflanzen hätten kein Empfindungsvermögen und könnten keine Schmerzen verspüren, ist so spekulativ wie die gegenteilige Behauptung.

8. Weil wir nicht wissen, ob und wie Pflanzen Schmerzen empfinden, muss unser Umgang mit ihnen von Rücksicht geprägt sein.

9. Auch Pflanzen sind Individuen.

10. Pflanzen erleben die Welt auf ihre eigene Art. Sie haben ein Eigensein. Sie leben als ein Selbst. Dieses Selbst ist für uns schwer verständlich. Dennoch erfahren wir, dass es existiert. Wenn Pflanzen als gänzlich verfügbare Objekte betrachtet und behandelt werden, so wird man ihnen damit nicht gerecht.

Pflanze und Umwelt

11. Pflanzen sind standortgebunden. Sie stehen daher mit ihrer Umwelt in einer ganz anderen Beziehung als Tiere und Menschen. Sie können ihrer Umwelt nur sehr begrenzt ausweichen, fliehen können sie nicht.

12. Pflanzen sind sehr anpassungsfähig. Sie stehen in einem permanenten Austausch mit der Umwelt. Sie leben in einem dynamischen Netz von Beziehungen und Wechselwirkungen, die sie weit mehr beeinflussen können als etwa Tiere.

13. Offensichtlich zeichnen sich Pflanzen durch ein Hin- und Herpendeln zwischen einem Aufgehen in der Umwelt und einem Sich-Zurückziehen in sich selbst sowie durch ein rhythmisches Pulsieren in Jahreslauf und anderen zeitlichen Phasen aus. Sie zeichnen sich aus durch einzigartige Verbreitungsmöglichkeiten, die weite Distanzen und lange Zeiträume zu überwinden vermögen.

14. Es ist deshalb unsere Pflicht, der Umwelt, von der die Pflanzen so stark abhängen und bestimmt werden, Sorge zu tragen.

15. Dabei ist zu beachten, dass die Beziehungen zwischen Genen und Umwelt nicht eingleisig verlaufen. Umweltfaktoren können die Expression von Genen derart beeinflussen, dass neue Eigenschaften stabil vererbt werden, ohne DNA-Sequenzen zu verändern. Eine reduktionistische Sicht, die sich allein auf Gene konzentriert, ist fragwürdig. Dies mahnt zur Vorsicht bei der Züchtung.

Pflanze und Mensch

16. Die menschliche Existenz hängt unmittelbar von Pflanzen ab. Viele Pflanzen können hingegen sehr gut ohne Menschen existieren.

17. Das Verhältnis zwischen Pflanzen und Menschen ist kulturell und historisch geprägt und daher, wie alles Kulturelle, für Veränderungen offen.

18. Pflanzen sind die Grundlage für unsere Ernährung. Insofern ist unsere Kultur von Pflanzen nicht zu trennen. Aus diesem Grund verdienen Pflanzen Achtung.

19. Für das emotionale Leben der Menschen sind Pflanzen wichtig. Ihr Duft, ihre Schönheit, ihre Hege und Pflege liegen uns am Herzen. Sie prägen unsere Gärten und Landschaften.

20. Wir müssen diese vielfältige Abhängigkeit und Verbundenheit der Menschen mit der Pflanzenwelt neu begreifen

lernen. In Alltag und Kunst hat dies bereits begonnen. Auf naturwissenschaftlicher Ebene ist vieles noch nachzuholen.

21. Welche Beziehungen wir mit Pflanzen eingehen, hat Bedeutung für unsere eigene Lebensweise. Wie wir mit Pflanzen umgehen, reflektiert unseren Umgang mit anderen Lebewesen und mit uns selbst. Der Wert, den wir Pflanzen zuweisen, hängt mit unserem Selbstentwurf zusammen.

22. Wenn wir Pflanzen als Maschinen wahrnehmen, so sagt dies etwas über uns, die Betrachtenden, aus, nicht über das Wesen der Pflanze. Diese Maschinensicht dehnt sich auf alle Lebewesen – auch auf den Menschen – aus.

23. Anders als beim Menschen fehlen im Umgang mit Pflanzen oft genug moralische Bedenken.

24. Wir können das Wesen der Pflanze naturwissenschaftlich nicht vollständig erfassen. Erkenntnistheoretisch gibt es Grenzen. Wir stehen der Pflanze als ins Unermessliche Forschende gegenüber.

25. Wenn wir der Pflanze als eigenständigem Wesen begegnen und uns auf sie einlassen, entwickeln wir Sensibilitäten und Fähigkeiten, die es uns erlauben, sie in ihrem Dasein tiefer zu verstehen. In ihr und durch sie erleben wir etwas Umfassendes.

26. Unseren Umgang mit Pflanzen sollten nicht nur naturwissenschaftliche Argumente bestimmen. Die Natur-

wissenschaften sind nur ein Erkenntnisweg unter anderen, trotz ihrer Bedeutung für moderne Gesellschaften. Er ist nicht von vornherein wichtiger als andere Erkenntniswege.

27. Unsere Beziehungen zu Pflanzen spielen sich auf verschiedenen Ebenen ab: auf der naturwissenschaftlichen, der geisteswissenschaftlichen, der künstlerischen, auf der spirituellen, der intuitiven, der religiösen, der emotionalen und auf der ästhetischen Ebene und natürlich auf der Ebene der Ernährung. Diesen und weiteren Wissenszugängen gegenüber gilt es offen zu sein.

28. Das neue Verständnis der Pflanze erfordert es, dass all diese Wissenszugänge anerkannt und genutzt werden.

29. Pflanzen haben eine enorme Flexibilität und können sich an sehr viele Manipulationen anpassen. Sie vermitteln uns auf den ersten Blick keine offensichtlichen Signale, wo die Grenzen ihrer Verletzbarkeit sind. Um so wichtiger ist, dass wir diese Grenzen gemeinsam finden. Nichtwissen verpflichtet.

Gestützt auf diese Thesen, gelangen wir vorerst zur folgenden Aufstellung von

Anspruchsrechten der Pflanze

Wenn wir Pflanzen Anspruchsrechte zugestehen, dann heisst dies nicht, dass wir sie nicht mehr essen oder in anderer Weise verwenden dürfen. Sowenig wie die den Tieren zugestandenen Rechte bedeuten, sie grundsätzlich aus dem Ernährungskreislauf auszuschliessen. Es bedeutet vielmehr, dass wir ihr Eigensein respektieren und dass es auch im Umgang mit Pflanzen Grenzen gibt.

I. Recht auf Fortpflanzung
Methoden und Strategien, die eine Sterilität bewirken, erfordern moralische und ethische Rechtfertigung. Die Terminatortechnologie und weitere Methoden zur Herstellung von Sterilität mit dem ausschliesslichen Zweck, Pflanzen für die Maximierung von wirtschaftlichem Gewinn verfügbar zu machen, verstossen gegen dieses Recht.

II. Recht auf Eigenständigkeit
Pflanzen sind keine Sachen. Sie sollen nicht beliebig instrumentalisiert und kontrolliert werden. Ihre Eigenständigkeit ist zu berücksichtigen.

III. Recht auf Evolution
Evolution, im speziellen die Anpassungsfähigkeit von Pflanzen an eine sich verändernde Umwelt, beruht auf genetischer Vielfalt. Wird diese eingeschränkt, beeinträchtigt dies auch die Fähigkeit, sich zu entwickeln. Deshalb ist heute neben dem Schutz der Artenvielfalt auch der Schutz der genetischen Vielfalt zu einer Verpflichtung geworden.

IV. Recht auf Überleben der eigenen Art
Der Schutz der vorhandenen Artenvielfalt und damit das Recht aller Pflanzenarten auf Überleben ergeben sich aus dem Wert der Biodiversität.

V. Recht auf respektvolle Forschung und Entwicklung
Dieses Recht erfordert, dass Forschung und Industrie in der Lage sein sollen, das Eigensein der Pflanze wahrzunehmen und ihm mit Achtung zu begegnen. Dies verlangt offene und interdisziplinäre Herangehensweisen. Es schliesst aus, dass Pflanzen als uneingeschränkt verfügbare Sachen gelten.

VI. Recht darauf, nicht patentiert zu werden
Pflanzen sind keine Erfindungen. Keine Pflanze verdankt ihre Existenz allein menschlichem Wirken. Patente auf Pflanzen sind deshalb nicht nur aus sozioökonomischen Gründen abzulehnen, sondern auch um der Pflanzen selbst willen.

Die hier genannten Anspruchsrechte sind von Menschen formuliert worden. Sie gelten daher nur, soweit sie im menschlichen Handeln beachtet beziehungsweise durch dieses beeinträchtigt werden können. Denn niemand kann über sein Vermögen hinaus zu etwas verpflichtet werden.

Autorinnen und Autoren
Florianne Koechlin, Projektinitiantin, Biologin, Blauen-Institut Münchenstein (CH), Autorin von *PflanzenPalaver*
Daniel Ammann, PD Dr., Geschäftsleiter der Schweizerischen Arbeitsgruppe Gentechnologie SAG
Eva Gelinsky, Dr., wissenschaftliche Mitarbeiterin von Pro SpecieRara

Benny Haerlin, Leiter des Berliner Büros der Zukunftsstiftung Landwirtschaft und der Kampagne »Save Our Seeds«

Martin Ott, Meisterlandwirt, Gut Rheinau (CH), Präsident Stiftungsrat FiBL (Forschungsinstitut für biologischen Landbau, Frick)

Beat Sitter-Liver, Prof. für praktische Philosophie, Universität Freiburg (CH)

Werner Stumpf, Dipl.-Ing., Institut für Garten-, Obst- und Weinbau der Universität für Bodenkultur Wien

Edgar Wagner, Pflanzenphysiologe, Prof. em., Albert-Ludwigs-Universität Freiburg im Breisgau (D)

Amadeus Zschunke, Dipl.-Ing. (FH) Gartenbau, Geschäftsführer Sativa Rheinau AG – ökologisches Pflanz- und Saatgut (CH)

Unter Mitwirkung von

Günter Altner, Prof. Dr. Dr. Dr. h.c., Biologe und Theologe, Berlin

Nikolai Fuchs, Leiter Sektion für Landwirtschaft, Freie Hochschule für Geisteswissenschaft am Goetheanum, Dornach (CH)

Andrea Heistinger, Dipl.-Ing., Büro Semina Kultur-Pflanzen-Konzepte, Schiltern (A)

Christian Hiss, Gärtnermeister, Eichstetten am Kaiserstuhl (D)

Markus Ritter, Biologe, Teilhaber Life Science AG, Basel

Jürg Stöcklin, Prof. Dr., Botanisches Institut der Universität Basel

ANHANG

Anmerkungen

Ein Garten Eden in garstiger Höhe

S. 13 *Zur Permakultur*

Claudia Holzer beschreibt die Prinzipien der Permakultur (2002):

»– Ökologische Kreisläufe stellen die Basis für die Entwicklung integrierter Systeme zur Nahrungsmittelproduktion dar. Ziel ist das Erreichen eines dynamischen Gleichgewichtes innerhalb der Permakulturanlage und somit die Erhaltung der Selbstregulationsfähigkeit.

– Multifunktionalität: jeder Teil des Systems erfüllt mehrere Funktionen, jede Funktion wird wiederum von mehreren Elementen des Systems ausgeführt.

– Vorbild Natur: die Bewirtschafter gestalten ihre Permakultur nach individuellen Ansprüchen unter Beobachtung und Nachahmung natürlicher Ökosysteme. Vorhandene Biotope werden dabei berücksichtigt und gefördert.

– Die Bepflanzung erfolgt in Mischkultur. Artenvielfalt wird unterstützt. Wechselwirkungen von verschiedenen Pflanzen werden berücksichtigt. Symbiontische und synergistische Beziehungen werden optimiert (sog. Förderpflanzen und Pflanzengemeinschaften). Durch die vielfältige Bepflanzung werden natürliche verfügbare Ressourcen (z.B. Licht) optimal ausgenutzt und der Gesamtertrag gesteigert. Die verschiedenen Pflanzenarten treten durch ihre unterschiedlichen Nährstoffansprüche nicht miteinander in Konkurrenz. Artgerechte Nutztierhaltung ist in das System integriert.

– Nachhaltigkeit: Energiezuschüsse in das System werden minimiert. Erneuerbare Energieressourcen werden verwendet. Energie wird im System gehalten und gespeichert. Strukturelle Vielfalt (z.B. durch Hecken, Steine, Wurzelstöcke) wird zur Unterstützung des Mikroklimas eingesetzt. Intakte Nahrungskreisläufe verhindern das Überhandnehmen von sog.

Kulturschädlingen und erlauben den Verzicht auf chemisch synthetisierte Pflanzenschutzmittel. Weiters werden keine mineralischen Düngemittel verwendet.

– Die Permakulturanlage ist dem Wandel der Sukzession unterworfen. In den verschiedenen Entwicklungsstadien können unterschiedliche Produkte und Erträge erzielt werden.

– Erhaltung und Verbesserung der Bodenstruktur und des Bodenlebens: nicht benötigte Produkte und Abfälle des Systems werden in das System zurückgeführt. Auf den Einsatz schwerer Maschinen wird möglichst verzichtet. Tief- und flachwurzelnde Pflanzen werden bewusst eingesetzt, um die Durchlüftung verschiedener Bodenhorizonte zu erreichen. Ökologische Ansprüche wichtiger Bodenlebewesen werden berücksichtigt.

– Anwendbarkeit: Permakultur lässt sich auch in anderen Bereichen als der Landwirtschaft verwirklichen. Mollison (1984) zeigt mögliche Anwendungen des Permakultur-Konzeptes in Siedlungen, Klein- und Grossstädten.

– Regionale und kulturelle Gegebenheiten werden in die Permakultur-Anlage einbezogen.«

S. 13 *Zu den Fischen*

Genutzt werden vor allem Regenbogen- und Bachforelle, Saibling, Wels, Hecht, Karpfen, Schleie und manchmal Zander. Buntkarpfen werden als Zierfische gehalten. Als Futterfische dienen unter anderem Elritze, Rotauge und Rotfeder. Um die Fische zu fangen, werden die Teiche abgelassen. Zu diesem Zweck sind Ablassrohre vorhanden, an denen Behälter angeschlossen werden. Durch ein Netz bleiben die Fische im Behälter und können so ohne Verletzung ökonomisch abgefischt werden.

S. 14 *Zu den Stören*

Die Störe *(Acipenser)* gehören zu den Knochenfischen. Sie sehen urtümlich aus und sind aus evolutionsgeschichtlicher Sicht alte Fische. Ihr Skelett ist teilweise verknöchert. Störe reagieren empfindlich auf Gewässerverunreinigungen; sie sind deshalb im westlichen Europa im zwanzigsten Jahrhundert beinahe ausgestorben. Störe werden vor allem wegen des Kaviars (Rogen) gefangen.

S. 14 *Zur Erzeugung elektrischer Energie*

Stefan Rotter schreibt (1998): »Kern des Kraftwerks sind zwei Peltonturbinen, die synchron auf einem Generator laufen. Diese

Turbinen werden durch zwei Zuleitungsrohre gespeist. (...) Bei Vollbelastung kann das Kraftwerk eine Leistung von 4,5 kW bei 220 Volt Wechselspannung erbringen.«

S. 15 *Bester Samen auf schlechtestem Boden*

Diese Strategie beginnt selbst Agrokonzerne zu interessieren. Walter Schmidt, Zuchtleiter des grossen deutschen Saatgutunternehmens KWS, schreibt (persönl. Mitteilung, 2008): »Die Züchtung unter den Anbaubedingungen des ökologischen Landbaus bringt bessere Sorten hervor, nicht nur für den Ökolandbau – auch für die konventionelle Landwirtschaft.« KWS betreibt seit 2003 Forschung und Entwicklung auf diesem Gebiet, in enger Zusammenarbeit mit der Universität Hohenheim. Eine Prüfung neuer Sorten unter Bedingungen des Ökolandbaus stellt viel höhere Anforderungen: Maispflanzen zum Beispiel müssen eine gute Keimfähigkeit haben (da sie nicht gebeizt werden), sie müssen eine bessere Konkurrenzkraft gegenüber dem Unkraut aufweisen (da keine Herbizide eingesetzt werden), oder sie müssen Stickstoffstress besser abpuffern können (da keine schnell wirksamen künstlichen Dünger erlaubt sind). Dieses Züchtungsprogramm der KWS hat bereits einige exzellente Sorten hervorgebracht, die sich durch guten Ertrag und hohe Widerstandsfähigkeit ausweisen.

S. 17 *Zu den Schweinen*

Schweine roden auch Brennesseln oder Brombeergestrüpp. Dazu streut Sepp Holzer Küchenabfälle über die zu beackernde Fläche. Soll der Boden tief umgepflügt werden, mischt er die Küchenabfälle mit Erbsen oder Mais, lässt diese aufquellen und gibt Fritierfett dazu. Das verteilt er über die Flächen und wartet einige Zeit, bis alles mit der Witterung in den Boden gelangt ist. Dann erst lässt er die Schweine ins Feld. Diese wittern mit ihren guten Nasen die Nährstoffe im Boden und graben ihn bis zu einem halben Meter tief um. Mit der Länge der Wartezeit könne er steuern, wie tief er den Boden geackert haben will, sagt Sepp Holzer.

S. 20 *Vielfalt schafft Sicherheit*

Eine grossangelegte Studie aus Zentralamerika bestätigt Holzers Erfahrungen: Nachdem der Hurrikan »Mitch« im Jahr 1998 in Nicaragua, Guatemala und Honduras verheerende Schäden angerichtet hatte, wurde untersucht, wie nachhaltige und konventionelle Bauernbetriebe mit dem Hurrikan fertig wurden. 1700 Bauernhöfe wurden miteinander verglichen, und das Resultat war eindeutig: Nachhaltig wirtschaftende Betriebe hatten 80% weniger Bodenerosion, und ihre Böden besassen eine deutlich bessere Wasserhaltekapazität. Sie erlitten viel kleinere Verluste als konventionelle Betriebe. Nach Veröffentlichung der Studie haben rund 90% aller konventionell arbeitenden Bauernbetriebe an Workshops teilgenommen, um die nachhaltigen Praktiken ihrer Nachbarn zu erlernen (Pretty und Hine, 2001).

S. 21 *Zu den Pilzen*

Früher züchteten die Holzers Champignons in kommerziellem Ausmass, doch das lohnt sich nicht mehr. Heute züchten sie vor allem Waldpilze. Dazu gehören: Bovist, Pfifferling, Steinpilz, Birkenpilz, Schopftintling, Stockschwämmchen und viele mehr.

S. 22 *Weitere Permakulturprojekte von Sepp Holzer*

Permakultur lasse sich überall einrichten, auch in extremen »Ungunst«-Lagen, davon ist Sepp Holzer überzeugt. Er selbst entwarf und beriet Permakulturprojekte in vielen Ländern, unter anderem in Kolumbien, Nordbrasilien, Bosnien-Herzegowina, Ungarn, Russland, Thailand und Schottland. In Schottland zum Beispiel begann er 2003 ein Grossprojekt auf sauren Torfböden mit einem pH-Wert 4. Dort war zuvor nur Heidekraut gewachsen. Nach einigem Ausprobieren liess Sepp Holzer Hügelbeete anlegen und säte verschiedene Getreidearten, Untersaaten aus Gemüse und bodenverbessernden Pflanzen an. Bald kamen Schweine und Gänse sowie Wildobst- und Obstbäume dazu (persönl. Aussage, 2004).

S. 23 *Studie von Stefan Rotter (1998)*

Beim Vergleich des Obstbaus auf einer Plantage mit demjenigen auf den Krameterhof-Terrassen bilanzierte Stefan Rotter das Verhältnis zwischen Arbeitsaufwand und Ertrag und stellte fest, dass beide ungefähr gleich effizient sind. Der Energieeinsatz hingegen ist bei der Plantage um ein vielfaches höher als auf dem Krameterhof, vor allem wegen des hohen Maschineneinsatzes. Der Wirtschaftswissenschaftler verglich auch die Weidehaltung von Schweinen bei Sepp Holzer mit der Schweinehaltung in einem Mastbetrieb. Seine Schlussfolgerung: Obwohl die Wachstumszeit der Schweine bis zur Schlachtreife in der Freilandhaltung etwa dreimal so lang ist wie im Stall, ist die Arbeitsproduktivität siebzehnmal höher. In einem Intensivmastbetrieb müsse pro Schwein etwa siebzehnmal mehr Arbeit investiert werden, was vor allem damit zusammenhänge, dass die Schweine des Krameterhofs das Futter selbst finden müssen.

Das Heilpflanzenparadies von Kerala

S. 26 *Zum Gemeinschaftsprojekt mit Tauschhandelszone*
Das Projekt wird logistisch von der M. S. Swaminathan Research Foundation unterstützt, erhält von dieser aber keine finanziellen Zuwendungen. Dr. M. S. Swaminathan, bekannter Pflanzengenetiker und einer der Väter der »Grünen Revolution«, ist heute einer der wichtigsten Promotoren einer nachhaltigen und gerechten Landentwicklung in Indien. Seine Stiftung engagiert sich für eine umwelt-, armen- und frauenfreundliche Wachstumsstrategie in ländlichen Gegenden.

S. 26 Zu den fiebersenkenden Kräutern gehören: *pankurka (Coleus aromaticus),* die Übersetzungen für *parvada, panigurka* und einige andere finden wir nicht.

S. 27 *Vielfalt, Züchtung und Kultur – im Süden*
Die indische Umweltaktivistin und Ökofeministin Vandana Shiva schreibt (2006): »Der freie Austausch von Saatgut unter Bauern war die Grundlage für die Erhaltung und Entwicklung von Vielfalt und Ernährungssicherheit. Er beruht auf Zusammenarbeit und Wechselseitigkeit und dem Austausch unter Gleichen. Diese Freiheit geht weit über den reinen Austausch von Samen hinaus: Es geht auch um den freien Austausch von Ideen, Wissen, Kultur und Traditionen. Diesen Wissens- und Erfahrungsschatz haben ungezählte Generationen von Bauern und Bäuerinnen durch Beobachtungen im eigenen und in Nachbars Garten und Acker angehäuft. Die kulinarische, kulturelle und religiöse Bedeutung einer Pflanze, die Kenntnisse über ihre Widerstandskraft gegen Trockenheit, Krankheiten und Schädlinge, über ihre Pflege und Lagerungsfähigkeit und vieles mehr formen das gemeinschaftliche Wissen über Anbau und Nutzen bestimmter Kulturpflanzen. (...) Es bedarf heute der Entwicklung neuer Systeme von Rechten und Pflichten, die sowohl die kollektiven Rechte lokaler Gemeinden und Gemeinschaften

und die Saatgutsouveränität der Bauern und Bäuerinnen anerkennen als auch die globale wechselseitige Abhängigkeit unterschiedlicher Kulturen und Nationen berücksichtigen.«

S. 27 *Vielfalt, Züchtung und Kultur – im Norden*
Die österreichische Agrarwissenschaftlerin Andrea Heistinger untersuchte die lokale Geschichte der Kulturpflanzen in Südtirol; sie besuchte über Jahre immer wieder dieselben Bäuerinnen und befragte sie mit Hilfe der Methode der Oral History nach ihren Hausgärten und Züchtungsmethoden. Heistinger schreibt (2001): »Meine Gesprächspartnerinnen in Südtirol sprechen in ihrer Alltagssprache vom ›Zîgeln‹. Diesen Begriff verwenden sie synonym für züchterische Tätigkeiten und die Tätigkeit des Anbauens von Pflanzen. Züchten und Anbauen von Pflanzen sind umgangssprachlich in einem Begriff vereint. ›Sie zîgelt Paradeiser (Tomaten) in ihrem Garten‹ meint nicht, dass die Gärtnerin, von der gerade die Rede ist, eine neue Sorte für das Sortenregister züchtet, sondern dass sie Paradeiser anbaut, erntet und verspeist und eventuell auch vermehrt und die Samen für das nächste Jahr auf die Seite legt. Züchten und Anbauen von Pflanzen finden sich nicht nur in einem Begriff vereint, sie sind auch in einer Tätigkeit vereint: Züchten kann und tut jeder, der Pflanzen kultiviert, pflegt und deren Früchte und Samen erntet.«

S. 29 Auch diese Pflanzen haben wir gefunden:

– Tulassi (Heiliges Basilikum, *Ocimum sanctum*): für Hindus eine heilige Pflanze. Sie wird auf Altären angepflanzt, und vor einem Hauseingang bedeutet sie Wohlstand.

– Okra *(Abelmoschus esculentus)*: eine bis zwei Meter hoch wachsende Pflanze aus der Familie der Malvengewächse. Ihre Früchte sind längliche Schoten mit vielen Samen; sie sind als Gemüse sehr beliebt und geben Saucen eine sämige Qualität.

– Jackfruchtbaum *(Artocarpus heterophyllus)*: Das gelbe Fruchtfleisch hat ein leichtes, süsses Honigaroma. Eine Jackfrucht kann sehr gross werden, bis zu vierzig Kilogramm schwer. Sie hat eine Schale mit auffälligen Noppen. Aus der rotbraunen Haut der Kerne, die im Fruchtfleisch stecken, könne ein Mittel gegen Krebs hergestellt werden, sagt Sebastian.

– Drumstick-Baum (Meerrettichbaum, *Moringa oleifera*): Die markanten langen Schoten baumeln in der Luft. Wenn sie aufgeschlitzt werden, ergeben sie ein feines Currygemüse, ihr Geschmack erinnert an Spargel. Drumsticks helfen gegen Menstruationsbeschwerden und Nierensteine.

– Piment (engl. *allspice,* malajalam *kappalmulagu, Pimenta dioica*): vereinigt die Aromen aller Gewürze, insbesondere von Nelken, Muskatnuss und Zimt. Die Blätter des Piments regen die Verdauung an, pulverisierte Beeren sollen gegen Durchfall und Bauchkrämpfe helfen. Blätter und Beeren werden zudem in Currys und Saucen verwendet.

– Viele weitere Gewürze wie Zimt, Koriander und Pfefferminze.

S. 31 *FAO zu Homegardens:* FAO (2004)

S. 31 *Zur Produktivität von Low-Tech- und Biolandwirtschaft*

Dass Biolandbau, Low-Tech-Landwirtschaft und Vielfaltskulturen tatsächlich ein Rezept gegen Armut und Hunger sein können, zeigt eine 2007 erschienene vielbeachtete Metastudie (Badgley et al., 2007). Forscherinnen und Wissenschaftler der Universität von Michigan werteten sämtliche ihnen zugänglichen Studien aus, in denen biologischer mit konventionellem Landbau verglichen wurde. Sie fanden 91 Studien, die insgesamt 293 Beispiele analysierten. Eine Auswertung der durchschnittlichen Erträge ergab: Theoretisch kann der Biolandbau in Ländern des Nordens 92 Prozent der heute verfügbaren Kalorien produzieren. In Ländern des Südens hingegen ist das Potential viel grösser: Dort kann der Biolandbau 80 Prozent mehr produzieren als die heute vorherrschende konventionelle Landwirtschaft.

Die Studie entkräftet auch die immer wieder vorgebrachte Behauptung, Biolandbau könne nicht genügend Stickstoffdünger produzieren, weshalb viel mehr Land gebraucht werde, um darauf stickstoffproduzierende Pflanzen (also Bohnengewächse, die mit Hilfe von Knöllchenbakterien Stickstoff binden) zu kultivieren. In der Studie wird das Potential von biologischer Gründüngung mit demjenigen von synthetischem Stickstoffdünger verglichen. Ihre Schlussfolgerung: Bei gutem Management kann die Gründüngung mehr als genügend Stickstoff liefern, ohne dass dazu mehr Landbaufläche notwendig ist. Dazu kommen zusätzliche Stickstofflieferanten wie Tiermist, Kompost oder Hecken mit stickstoffproduzierenden Bäumen.

Die an der Studie Beteiligten kommen zum Schluss: »Die Resultate deuten an, dass die biologische Landwirtschaft das Potential hat, ganz substantiell zum weltweiten Lebensmittelbedarf beizutragen, während sie gleichzeitig die schädlichen Auswirkungen der konventionellen Landwirtschaft reduziert.«

S. 32 *Zur Produktivität von Homegardens oder Waldgärten*
Eine Mischkultur von Kokospalmen, Pfeffer und Ananas im südindischen Kerala ergibt fast dreimal mehr Ertrag pro Hektar als eine Kokospalmenmonokultur (Gopalakrishnan 2004). Werden Kokospalmen zusammen mit Muskatnüssen angebaut, steigt der Hektarertrag ebenfalls um das Dreifache (AICRP, 1998).

S. 32 *Vielfaltskulturen sind ertragreicher:* Altieri (1999), Altieri und Nicholls (2005), Pretty und Hine (2001), Pretty (2008), Shiva et al. (2006), Tansey und Rajotte (2008) und Willer et al. (2008)

S. 32 Auch in Lateinamerika sind Vielfaltskulturen weit verbreitet. 1986 wurden über 40% der Kassawa-, 60% der Mais- und 80% der Bohnenkulturen in Mischkulturen angepflanzt. Fast überall fiel die Ernte ertragreicher aus als beim Anbau nur einer Pflanzenart. Miguel Altieri schreibt (1999): »In Mexiko müssen 1,73 Hektar mit Mais bepflanzt werden, um gleich viel Nahrung zu produzieren wie ein Hektar mit einer Mischung aus Mais, Kürbis und Bohnen.«

S. 32 *Zum Weltagrarbericht IAASTD (2008)*
Die 400 Experten und Expertinnen wurden von allen Beteiligten in einem demokratischen und transparenten Verfahren ausgewählt. Besonders ungewöhnlich: Beteiligt waren nicht nur Naturwissenschaftler und Forscherinnen, sondern auch Kennerinnen und Vertreter von bäuerlichem Erfahrungswissen.

Deutlicher als je zuvor betont der Bericht, dass die Landwirtschaft kein Produktionssystem wie jedes andere ist, sondern ihre Funktionen für Natur und Gesellschaft ebenso wichtig sind. Gefordert wird eine Multifunktionalität in der Landwirtschaft.

Im Bericht wird die Gentechnik nicht ausgeschlossen, doch wird ihr Beitrag für die drängenden Probleme der Landwirtschaft als gering eingeschätzt. Bauern würden durch Patente auf Saatgut in ihrem Experimentieren behindert, auch würden ihnen der Zugang zu Saatgut sowie dessen Austausch und Ver-

kauf erschwert. Zudem könnten auf die Bauern Haftungsfragen wegen unbeabsichtigter Kontaminationen zukommen.
Achtundfunfzig Regierungen unterschrieben den Bericht, nur die USA, Kanada und Australien stellten sich zum Schluss ins Abseits. Die Agroindustrie hatte bereits zum Jahreswechsel 2007/08 den gemeinsamen Prozess verlassen, als sich abzeichnete, dass ihre Favorisierung gentechnischer Methoden durch die wissenschaftlichen Ergebnisse nicht gerechtfertigt und von den Experten und Expertinnen nicht geteilt wird. Dies ändert freilich nichts daran, dass die Forschenden, die zu diesem Ergebnis kamen, auch von der Industrie und diesen drei Staaten ausgewählt worden waren (www.agassessment.org).

Die Limabohne und ihre Bodyguards

S. 39 *Pflanzen und ihre Duftstoffe:* Schulze et al. (2006)
Die Duftstoffe, die Pflanzen zur Kommunikation verwenden, lassen sich drei grossen Klassen von chemischen Verbindungen zuordnen: Terpene, Acetogenine und aromatische Verbindungen. Dabei bilden die Terpene die grösste Gruppe von Naturstoffen und zeichnen sich durch eine besonders hohe Strukturvielfalt aus.

S. 40 *Pflanzliche Kommunikation und Abwehrstrategien:* Arimura et al. (2005), Booth (2004), Chen et al. (2005), Kost und Heil (2006), Lürling und Scheffer (2007), Schulze et al. (2006), Stout et al. (2006)

S. 40 *Auch die Tabakpflanze kann Frassfeinde unterscheiden*
Wird eine Tabakpflanze von Frassfeinden angegriffen, beginnt sie, Nikotin in ihren Blättern anzureichern. Um Energie zu sparen, produziert sie das Toxin nur dann in hohen Konzentrationen, wenn es nötig ist. Bei den meisten Schädlingen ist dies eine wirksame Abwehr. Den Raupen des Tabakschwärmers jedoch kann das Nervengift nichts anhaben. Sie speichern das Nikotin sogar in ihrem Körper, um sich selbst gegen Frassfeinde zu schützen.
Doch die Tabakpflanze kann den Tabakschwärmer erkennen: Sobald er angreift, produziert sie statt Nikotin einen anderen Stoff, der die Verdauung der Raupen schädigt. Zugleich sendet sie einen speziellen Duftstoff aus, der natürliche Feinde dieses Frassfeindes anlockt.

Ausserdem können Tabakpflanzen ihr Duftstoffbouquet in einem Tag-Nacht-Rhythmus variieren: Sie produzieren nachts ein anderes Duftstoffgemisch als tagsüber. Der nachts produzierte Duft hält nachtaktive Motten von der Eiablage ab, da die Tiere durch den Duft abgestossen werden, während das tagsüber emittierte Duftstoffbouquet die natürlichen Feinde der pflanzenfressenden Insekten anlockt (Arimura et al., 2005).

S. 41 *Pflanzen wehren sich*

Ted Turlings, ehemaliger Direktor des Instituts für Zoologie der Universität Neuchâtel, der mit Wilhelm Boland zusammenarbeitet und den ich 2004 interviewt hatte, zählte einige Abwehrmechanismen der Pflanzen auf:

– Sie produzieren Antibiotika und chemische Toxine gegen Pathogene.

– Sie produzieren Phytoalexine (spezielle Abwehrstoffe).

– Sie produzieren flüchtige Substanzen, die Feinde der Herbivoren, z.B. Schlupfwespen, Florfliegen oder Ameisen, herbeilokken.

– Sie produzieren Dornen und Stacheln. Einige Pflanzen, z.B. Akazien, können zwischen sehr starker physischer Abwehr oder schwacher Abwehr auswählen. Wenn sie erkennen, dass das Risiko eines Angriffs gross ist, bilden sie längere und härtere Dornen.

– Sie bilden extrafloralen Nektar, um Feinde von Herbivoren anzuziehen. Dies kennt man bei Akazien, bei Baumwolle und mehreren Bohnenarten.

– Nekrosis: Um die Infektionsstelle lässt die Pflanze ihre Zellen absterben, so dass sich das Pathogen nicht ausbreiten kann. Das kann bei Pilzkrankheiten passieren oder wenn Insekten Eier in den Pflanzen ablegen.

S. 41 *Kommunikation über die Artengrenzen hinweg*

Ein Forscherteam um Ian Baldwin stellte im Grossen Becken in Utah fest, dass der Wüstenbeifuss auch Tabakpflanzen vorwarnen kann. Tabakpflanzen, die mit dem Duft verletzter Beifusspflanzen begast werden, beginnen, sich auf einen Angriff vorzubereiten. Werden sie kurz darauf ebenfalls vom Frassfeind angegriffen, sind ihre Abwehrstrategien bereits aktiviert.

S. 42 *Unterirdische Kommunikation – die chemische Sprache der Wurzeln:* Prithiviraj et al. (2007)

Neuere Forschungen zeigen, dass Pflanzenwurzeln viele unterschiedliche chemische Botenstoffe herstellen, anreichern und aktiv an die Umgebung absondern können. Obwohl noch ganz am Anfang, sind heute etliche Bestandteile dieser chemischen Sprache entziffert worden. So »schwitzen« die Wurzeln des Schwarzen Nussbaumes Juglon aus, das zahlreiche Pflanzen am Keimen hindert. Die Wurzeln von Bohnengewächsen wiederum kommunizieren mit Hilfe verschiedener Flavonoide mit Bakterien, die Stickstoff fixieren. Auch einige Botenstoffe, mit deren Hilfe die Pflanzen mit Pilzen (Mykorrhizen) kommunizieren, sind bekannt.

S. 42 *Unterirdische Kommunikation – der Mais:* Rasmann et al. (2005)
Wenn Maiswurzeln von Larven des Maiswurzelbohrers angefressen werden, senden sie einen Botenstoff aus, der Fadenwürmer – Nematoden – anlockt. Die kleinen Würmer befallen die Larven und töten sie ab. Ted Turlings und sein Team von der Universität Neuchâtel haben den Botenstoff identifiziert. Es handelt sich um eine Substanz auf der Basis von Caryophyllen. Eine andere Untersuchung des Teams ergab, dass die meisten Maissorten, die in den USA angebaut werden, keine solchen Duftstoffe abgeben. Ted Turlings sagt: »Unsere Arbeit eröffnet neue Perspektiven auf dem Gebiet der biologischen Schädlingsbekämpfung. Man kann sich vorstellen, dass künftig Maissorten angebaut werden, welche die Lockstoffe in genau den Konzentrationen absondern, die nötig sind, um die Wirksamkeit der Nematoden zu verstärken. Dies könnte auch die Basis einer Bekämpfungsmethode darstellen, die, im Gegensatz zu den heute üblichen, ohne Pestizide auskommt.« In den USA belaufen sich die Ausgaben für die Bekämpfung des Maiswurzelbohrers mit Pestiziden auf mehr als eine Milliarde Dollar pro Jahr.

S. 42 *Unterirdische Kommunikation und »chemische Kriegführung« – die Goldrute:* Chen et al. (2005), Bieri (2007)
Die zwei aus Nordamerika eingeschleppten Goldrutenarten (*Solidago canadensis* und *Solidago gigantea*) breiten sich schnell in weiten Teilen Europas aus und verdrängen einheimische Pflanzengesellschaften. Sie sind auf Naturlandschaften zwischen den Landwirtschaftsflächen spezialisiert – dort, wo die Artenvielfalt am grössten ist. Auch in weiten Teilen Chinas richten sie

durch die Verdrängung anderer Arten grossen Schaden an. Ihr erstaunlicher Erfolg ist auf mehrere Ursachen zurückzuführen: Sie bilden unterirdische Ableger und können sich rund um die Mutterpflanze vermehren; jede Pflanze entlässt im Herbst bis zu zehntausend Samen. Neue Forschungen zeigen, dass sie darüber hinaus im Boden eine Art chemische Kriegführung betreiben. Ihre Wurzeln und Ausläufer sondern chemische Signalstoffe aus, die das Wachstum anderer Pflanzen hemmen und die Keimfähigkeit ihrer Samen reduzieren.

S. 42 *Unterirdische Kommunikation: das Wood Wide Web*
Verena Wiemken, Biologin an der Universität Basel, untersucht das Wood Wide Web. Sie beantwortet meine Anfrage: »Der Ausdruck Wood Wide Web stammt von einem Redaktor der Zeitschrift *Nature.* In der Forschung wird oft, etwas genauer, der Begriff *common mycorrhizal network* gebraucht.« Gemeint seien also nur diejenigen Pilze, die mit Bäumen in einer Symbiose leben. »Waldbäume leben bei uns immer in Symbiose mit mehreren Waldpilzen – sogenannten Ektomykorrhiza-Pilzen –, die Bäume mit einem riesigen unterirdischen Hyphennetzwerk untereinander verbinden. Die Pilze beliefern die Bäume mit Mineralnährstoffen, und die Bäume liefern als Gegenleistung den Pilzen Kohlenhydrate. (...) Es werden etwa 5000 Pilzarten zu den Ektomykorrhiza-Pilzen gezählt. Man kann annehmen, dass ein Waldbaum mit vielleicht fünf dominanten und einer grossen Zahl von subdominanten Pilzen mykorrhiziert ist.« Ein Wald könne als ein Superorganismus angesehen werden, der im Boden durch ein Wood Wide Web verbunden ist.

S. 42 *Gemsen und das Wood Wide Web*
Warum sind früher als Weideland genutzte Gebiete im Schweizerischen Nationalpark, einer alpinen Gebirgslandschaft, noch nicht wieder bewaldet? Verena Wiemken und Thomas Boller von der Universität Basel vermuten, dass unter anderem der Mangel an Wurzelpilzen (Mykorrhizen) für das Ausbleiben der Bäume verantwortlich sein könnte. Ohne dieses unterirdische Netzwerk können sich keine Bäume ansiedeln. Sie beobachteten allerdings auch, dass die Pilze über den Kot von Gemsen nach und nach ins Grasland gelangen und für ein langsames Aufkommen von Bergföhren in diesen Gebieten mitverantwortlich sein könnten (Wiemken und Boller, 2006).

S. 43 *Pflanzenkommunikation und Pestizide:*
Lürling und Scheffer (2007)
Pestizide, Schwermetalle und viele weitere chemische Verunreinigungen können die pflanzliche Duftstoffkommunikation empfindlich stören. Dazu sind meistens nur geringe Schadstoffkonzentrationen nötig. Diese sind so niedrig, dass sie keine anderen sichtbaren Effekte auslösen. Sie wurden bisher kaum untersucht. Bohnengewächse zum Beispiel locken mit chemischen Duftstoffen Bakterien an, die Stickstoff fixieren und der Pflanze den benötigten Stickstoffdünger liefern. Pestizide und viele andere Chemikalien unterbrechen diese Signalübermittlung.
Neuere Forschung zeigt, dass solche schädlichen Auswirkungen auf die Pflanzenkommunikation weit verbreitet sind. Chemische Verunreinigungen stören die pflanzliche Kommunikationsfähigkeit in der Luft, im Wasser und in der Erde.

S. 45 *Raupenfrass führt zu Stromausfall in Zellen:* Maffei et al. (2006)

S. 47 *Akazien warnen sich gegenseitig bei Giraffenfrass*
Für die in Afrikas Savannen wachsenden Akazien sind die Giraffen die grössten Feinde. Nur sie erreichen mit ihren langen Hälsen die hohen Baumkronen. Die Bäume wehren Giraffen mit ihren spitzen Dornen ab. Zudem haben sie eine weitere raffinierte Abwehrstrategie: Wenn eine Giraffe ihre Blätter frisst, transportiert die Akazie Gerbstoffe (Tannine) innerhalb weniger Minuten in die Blätter und macht diese ungeniessbar. Durch Zerbeissen der Blätter wird der gasförmige Botenstoff Äthylen freigesetzt, der den Nachbarbäumen als Warnung dient. Auch sie beginnen, Tannin in die Blätter und Früchte zu transportieren. Die Giraffen ihrerseits haben im Laufe ihrer Entwicklungsgeschichte gelernt, sich den Akazienbäumen nur gegen den Wind zu nähern.

S. 47 *Akazien und Ameisen:* Heil et al. (2004, 2005)

Von Duftvokabeln und Zeichen

S. 49 *Zu Pflanzen und Biosemiotik:* Witzany (2006b)

S. 49 *Zur Biosemiotik*
Biosemiotik ist keine Wissenschaft im herkömmlichen Sinn, sondern vereint Biologie, Sprach- und Kommunikationswissenschaften. Günther Witzany schreibt (2007): »Bislang wurden semiotische Prozesse in der Molekularbiologie, Genetik, Ökolo-

gie und Evolutionsbiologie als metaphorische Begriffe abgetan, da man der Ansicht war, sie könnten letztlich durch chemische und physikalische Beschreibungen vollständig ersetzt werden. Die nicht überbrückbaren Unterschiede zwischen chemisch/physikalischen und biosemiotischen Beschreibungen erlauben jedoch der Biosemiotik eine klare Unterscheidung zwischen Leben und Nicht-Leben (…). Howard Pattee drückt dies so aus: ›Leben unterscheidet sich von Nicht-Leben durch seine Abhängigkeit von Zeichen.‹ Die Biosemiotik erweitert dadurch unser grundsätzliches Verständnis aller biologischen Prozesse. Die entscheidenden Lebensfunktionen hängen demnach nicht nur von chemisch/physikalischen Zustandsveränderungen ab, die strikt den Naturgesetzen unterliegen, sondern zusätzlich von Kommunikations- und Informationsprozessen innerhalb und zwischen den Zellen, Geweben, Organen und Organismen. Deren Gelingen oder Misslingen entscheidet über Wachstum, Entwicklung, Krankheit und Tod aller Lebewesen.«

S. 50 *Zur Syntax und zu »Awerss«*

Die Interpretationsleistungen des menschlichen Gehirns sind um einiges höher als bisher angenommen. »Awerss« verstehen wir nicht, »Wesasr« hingegen schon. Sobald Anfangs- und Endbuchstaben übereinstimmen, können wir das Wort entziffern, vor allem wenn es im richtigen Kontext steht.

S. 51 Gemäss neuerer Forschung können europäische und asiatische Bienen die »Tanzsprache« voneinander lernen, wenn sie im selben Stock aufwachsen. Obwohl sich die Länge der Tänze deutlich unterscheidet, fanden die asiatischen Bienen eine Futterquelle problemlos, wenn sie dem Tanz europäischer Bienen zugeschaut hatten (Su et al., 2008).

S. 52 *Ein chemisches Zeichen hat verschiedene Bedeutungen: z.B. Auxin*

Das chemische Molekül Auxin hat in verschiedenen Lebenssituationen unterschiedliche Funktionen. Auxin ist ein pflanzliches Wachstumshormon. Es spielt bei der Zellteilung und Zellstreckung eine Rolle. Auxin hat auch neurotransmitterähnliche Eigenschaften und wird bei der Zell-zu-Zell-Kommunikation gebraucht. Innerhalb der Zelle spielt Auxin bei der Zellentwicklung und -differenzierung eine Rolle. In den Wurzeln können Zellen mit Hilfe von Auxin ihre Position und Identität bestimmen (Witzany, 2006b).

S. 52 *Eine Wurzel kommuniziert*

Die kleine Haarwurzel einer Maispflanze kommuniziert unter der Erde mit anderen Haarwurzeln derselben Pflanze. Sie »redet« auch mit Haarwurzeln der Nachbarinnen und unterhält sich mit Bakterien, Pilzen und Bodeninsekten – eine intensive Kommunikation auf verschiedenen Ebenen. Günther Witzany sagt: »Für jeden verschiedenen Ansprechpartner gibt es andere Regeln, oft auch andere Zeichen. Die Haarwurzel verständigt sich also in parallelen Prozessen mit vielen unterschiedlichen Partnern gleichzeitig. Sie ist eine Meisterin der Kommunikation.«

S. 52 *Sind Pflanzen Automaten?*

Günther Witzany bemerkt: »Automatentheoretische Modelle und informationstheoretische Versuche sind bisher allesamt gescheitert, um Kommunikation *hinreichend* zu definieren. Sie sind platte (hilflose) Metaphern ohne wissenschaftlichen Anspruch. Man kann die kommunikative Kompetenz der Pflanzen ebenso wie jene der Tiere (Menschen) nicht auf automatentheoretische Begrifflichkeiten und Modelle reduzieren, weil sie im Unterschied zu diesen prinzipiell nicht vollständig formalisierbar sind, d.h. in mathematischen Formeln erschöpfend darstellbar sind. Die Evolution der Vielfalt des Pflanzenreiches wäre ohne die kommunikative Fähigkeit, bestehende Kommunikationsformen zu überschreiten, um neue herzustellen und zu erfinden, nie möglich gewesen. Computer oder Automaten konnten in keinem einzigen Fall bessere Kopien ihrer selbst herstellen.«

S. 53 *Es gibt viele Codes*

Der Embryologe Marcello Barbieri von der Universität Ferrara ist überzeugt, dass die Entstehung des Lebens nicht *allein* mit dem genetischen Code erklärt werden kann. In seinem Buch *The organic codes* (2003) stellt er die Hypothese auf, dass es neben dem genetischen Code noch viele andere organische Codes gibt, über die wichtige kommunikative Prozesse ablaufen. Er bemerkt: »Wir sind alle mit dem genetischen Code vertraut. Er ist die Grundlage des Lebens. Aber es gibt nicht nur den genetischen Code. Die Zelle hat viele Codes entwickelt, wie z.B. den Signalübertragungscode. Kompliziertere Zellen haben zusätzliche Codes für die Architektur der Zelle entwickelt, Codes für die Beweglichkeit der Zelle und Codes für den Zellselbstmord. (...) Wir müssen von einer Biologie wegkommen, in der es nur den genetischen Code gibt, hin zu einer Biologie mit vielen Codes, dann werden wir schliesslich auch verstehen, wie die Sprachcodes entstanden sind. Bis jetzt haben wir den genetischen Code am Anfang des Lebens und den Sprachcode am Ende der Evolution. Und in drei oder vier Milliarden Jahren dazwischen nichts.«

Pflanzen brauchen keine Nerven

S. 55 *Pflanzen lernen und erinnern sich:* Baluška et al. (2004), Baluška et al. (2006), Firn (2004), Hellmeier et al. (1997), Tafforeau et al. (2006), Trewavas (2003, 2004)

Dazu vier Beispiele:

– Pflanzen können sich aus der Qualität des Lichtes über die Stellung ihrer Nachbarinnen informieren, bevor sie von diesen effektiv beschattet werden. Das von der Nachbarpflanze reflektierte Licht gibt ihnen diese Information. So können sie sich bereits frühzeitig auf die Anwesenheit der Nachbarpflanzen einstellen. Sie reagieren also nicht erst dann, wenn sie bereits beschattet sind; sie können Informationen verarbeiten, die die zukünftige Verfügbarkeit von Licht betreffen, quasi vorausplanend.

– Wenn die Wurzeln einer jungen Pflanze einer niedrigen Salzkonzentration ausgesetzt werden, dann kann die Pflanze später in Salzkonzentrationen überleben, die normalerweise tödlich für sie wären. Die Erfahrung der Wurzel wird auf die ganze Pflanze übertragen: Die junge Pflanze lernt, sich an eine Salzlösung anzupassen. Die Pflanze erinnert sich Monate oder Jahre danach an diese Erfahrung und kann darum in hohen Salzkonzentrationen überleben.

– Wenn junge Bäume nur einmal pro Jahr Wasser erhalten, lernen sie in den folgenden Jahren, sich diesem Umstand anzupassen. Sie konzentrieren ihr gesamtes Wachstum und ihre Entwicklungsprozesse auf die erwartete Bewässerungsperiode.

– Die auch in Europa vorkommende Quendelseide *(Cuscuta epithymum)* ist eine Schlingpflanze, die bei anderen Pflanzen schmarotzt. Dabei geht sie sehr wählerisch und berechnend vor: Sie berührt eine potentielle Wirtspflanze mit ihren Saugnäpfchen zunächst nur, um zu erkunden, ob und wie ergiebig die Wirtspflanze ist. Verläuft die Erkundung negativ, sucht die

Quendelseide weiter; anderenfalls windet sie sich jedoch um die Wirtspflanze, bildet Sprosse, dringt mit diesen in sie ein und schmarotzt von deren Nährstoffen und vom Wasser. Dabei kann die Quendelseide die zu erwartende Ausbeute offenbar genau abschätzen. Von der Prognose hängt ab, wie viele Windungen die Quendelseide um den Wirt legt, denn je mehr Windungen sie bildet, desto mehr Sprosse stehen ihr zur Verfügung, um an die Nährstoffe heranzukommen. Ist die Wirtspflanze aber schwach, dann bedeuten zu viele Sprosse einen Energieverlust. Das Erstaunliche ist, dass die Quendelseide Aufwand und Ausbeute etwa vier Tage im voraus abwägt, denn so lange braucht sie, um nach dem ersten Kontakt zur Nährstoffquelle zu gelangen.

S. 55 *Sind Pflanzen intelligent?*

Der an der Universität Edinburgh forschende Anthony Trewavas vertritt die Meinung (2003, 2004), dass das Verhalten der Quendelseide vorausschauende Planung und ein flexibles Verhalten verlange. Das setze Lernfähigkeit und Erinnerungsvermögen voraus. Und es erfordere Intelligenz.

Intelligenz ist ein schillernder Begriff, für den es bis heute keine allgemeingültige Definition gibt. Er leitet sich her vom lateinischen *intellegere* (= *inter* + *legere*), also »wählen zwischen«, und bezeichnet die Fähigkeit, zwischen verschiedenen Optionen wählen zu können. Trewavas seinerseits stützt sich bei seinen Ausführungen auf den Intelligenzbegriff des neuseeländischen Psychologen und Philosophen David Stenhouse, der tierische Intelligenz als »adaptives und variables Verhalten während der Lebenszeit eines Individuums« bezeichnet. Das lasse sich auch bei Pflanzen beobachten, betont Trewavas. Solche intelligenten Verhaltensweisen hätten sich sowohl bei Tieren wie auch bei Pflanzen entwickelt, um ihre Fitness in einer in stetem Wandel befindlichen Umgebung ständig zu maximieren.

S. 57 *Können Pflanzen »hören«?*

Dieser Frage gingen der südkoreanische Forscher Mi-Jeong Jeong vom National Institute of Agricultural Biotechnology in Suwon und sein Team nach. Wie die Zeitschrift *New Scientist* berichtete, spielten die Forschenden Reispflanzen im Labor vierzehn klassische Musikstücke vor, darunter auch Beethovens »Mondschein-Sonate«. Während des Konzerts untersuchten sie, ob es bei verschiedenen Genen zu einer Änderung ihrer Aktivitäten kam. Das war nicht der Fall. Dann wurden die Reispflanzen mit Tönen in bestimmten Frequenzen beschallt, und tatsächlich kam es zu Veränderungen: Töne mit Frequenzen von 125 und 250 Hertz erhöhten die Aktivität einiger Gene, während Töne mit einer Frequenz von 50 Hertz sie weniger aktiv werden liessen. Die auf Tonfrequenzen ansprechenden Gene (*rbcS* und *ald*) waren bekannt dafür, dass sie auch auf Licht reagieren. So wiederholten die Forscher das Experiment in Dunkelheit, mit dem gleichen Resultat: Die untersuchten Gene reagierten deutlich auf diese Tonfrequenzen (Coghlan, 2007).

S. 57 *Pflanzen »hören« oder »spüren« den Wind:* Telewski (2006)

S. 57 *Pflanzen »spüren« – Touch Genes*
Janet Braam und ihr Team von der Rice-Universität in Houston, Texas, haben Gene der Ackerschmalwand *(Arabidopsis),* von der sie wussten, dass sie auf Berührung reagiert, mit einem Leuchtkäfer-Gen verkoppelt. Wenn die Pflanze berührt wurde, dauerte es circa zwanzig Minuten, bis die Gene – die Touch Genes – aktiv wurden und die Pflanze an der Berührungsstelle zu leuchten begann. Die Forschenden wollten auf diese Weise untersuchen, wie Pflanzen Berührungen »spüren« (Braam, 2005).

S. 57 Jürg Stöcklin schreibt (2007, S. 36): »Weltweit existieren Tausende von Ranken-, Winden- und Kletterpflanzen, bei denen verschiedenste Organe auf Kontaktreize reagieren, um geeignete Stützen zu erfassen und an ihnen hochzuwachsen. Die Ranken von Kletterspezialisten sind berührungsempfindlicher als die menschliche Haut. Die Ranken der Zaunrübe *(Bryonia dioica)* (…) reagieren noch auf das Streicheln mit einem nur 0,00025 Milligramm schweren Faden, der auf der menschlichen Haut keine Empfindung mehr auslöst.«

S. 59 *Neuroaktive Substanzen könnten eine regulatorische Rolle bei Pflanzen spielen:* Murch (2006)

S. 59 Charles Darwin schrieb 1880: »(…) die Spitze der Wurzel agiert wie das Gehirn eines niederen Tieres. (…) Das Gehirn erhält Eindrücke von den Sinnesorganen und dirigiert die verschiedenen Bewegungen.«

S. 60 *Wurzeln können Selbst und Nicht-Selbst identifizieren:* Gruntman und Novoplansky (2004)

S. 62 *Zur Mimose*
Jürg Stöcklin schreibt (2007, S. 37): »Bei der Mimose (…)

handelt es sich um eine elektrische Signalleitung, vergleichbar mit der Reizleitung in Nervenfasern bei Tieren. Die Aktionspotenziale erreichen eine Geschwindigkeit von bis zu 20 cm/s, vergleichbar mit Geschwindigkeiten in Nerven niederer Tiere, aber um Grössenordnungen langsamer als bei Säugetieren.«

S. 63 *Protestbrief gegen die Pflanzenneurobiologie:* Alpi et al. (2007)

S. 63 *Pflanzen haben ein Immunsystem:* Jones und Takemoto (2004)
In den letzten fünf bis zehn Jahren zeigten neue Forschungen, dass auch Pflanzen ein Immunsystem haben, um Pathogene abzuwehren, mit gleichen oder ganz ähnlichen chemischen Molekülen wie beim tierischen Immunsystem. Bei höheren Tieren besteht das Immunsystem aus zwei Komplexen, dem *acquired immune system* (*acquired*: erworben) und dem *innate immune system* (*innate*: angeboren). Letzteres wurde auch bei Pflanzen gefunden.

S. 63 František Baluška und Stefano Mancuso antworten (2007) auf den Protestbrief von Alpi et al.: »Die heutige Biologie passiert eine Kreuzung – von reduktionistisch-mechanistischen Konzepten und Methodologien hin zu einer postgenomischen, holistischen, systembasierten Analyse integrierter und kommunikativer hierarchischer Netzwerke, wie sie lebende Systeme darstellen. (...)
Auch Genome sind viel komplexer und dynamischer, als wir angenommen hatten. Sie besitzen oft bis zu 99 Prozent nichtcodierende DNA-Sequenzen. Das sind nicht ›Abfall-DNA‹ *(junk DNA),* sondern vielmehr Teile eines multifunktionellen Netzwerkes, das codierende DNA integriert. Wenn Genome einem Stress (z.B. Mutationen) ausgesetzt sind, befinden sich die Veränderungen vor allem in den nichtcodierenden Sequenzen, die durch komplexe Änderungen in der Zusammensetzung und Aktivität des Genoms eine neue Balance herstellen.
Es gibt mehrere Definitionen dessen, was ein Gen ist, und Molekularbiologen und Genetiker lernen, eine Unterexpression, ein *knocking-out,* oder eine Überexpression eines Gens nicht zu stark zu bewerten. Es wird zunehmend klar, dass Mutationen in einzelnen Genen von veränderten Expressionen anderer Gene und nichtcodierenden Sequenzen begleitet sind. Als Folge von Genmutationen sind sogar subtile Neuanordnungen der Chromatinstruktur und der Genomarchitektur möglich.

Das dynamische Genom gewinnt aktiv die verlorene Balance wieder, auch durch extensives Herumschieben nichtcodierender DNA.
Nachdem nun viele Genome komplett sequenziert worden sind, wird klar, dass unser Verständnis darüber, was Leben ausmacht und was lebende Systeme von nichtlebenden chemisch-biochemischen Systemen unterscheidet, nicht viel besser ist, als es unser Verständnis vor dem Genomzeitalter vor rund sechzig Jahren war. Doch es ist auch offensichtlich, dass lebende Systeme, seien dies einzelne Zellen oder komplexe Organismen wie Tiere und Pflanzen, keine Maschinen und Automaten sind, die auf externe Signale mit einem begrenzten Repertoire an vordefinierten Antworten und automatischen Reflexen reagieren. Während Menschen und andere Tiere, sogar Insekten, bereits aus der ›mechanistischen Falle‹ heraus sind, die auf Descartes zurückzuführen ist, herrscht immer noch die Meinung vor, dass Pflanzen nur auf prädeterminierte, automatische Weise agieren können, als mechanische Vorrichtungen ohne irgendeine Möglichkeit, ihre Aktivitäten auswählen oder planen zu können. Doch im Unterschied zu Maschinen basieren lebende Systeme auf Nasschemie; es sind Systeme von hierarchischer und dynamischer Integration, Kommunikation und Emergenz.
Seit kurzem hat sich eine kritische Masse von Daten angesammelt, die nach einer Neuerwägung der mechanistischen Sicht der Pflanze verlangt. Pflanzen sind komplexe Lebewesen, extrem sensitiv gegenüber Umweltfaktoren und passen sich ständig an eine sich ändernde Umwelt an. Zudem antworten Pflanzen auf Umweltstimuli als integrierte Organismen. Oft fällen Pflanzen wichtige Entscheide, wie zum Beispiel Fortdauer oder Beendung des ›Schlafzustandes‹ und Beginn der Blütezeit, was irgendein zentrales oder dezentrales Kommandozentrum impliziert. (...) Ein koordiniertes Verhalten, das auf sensorischer Perzeption beruht, ist neurobiologischen Systemen inhärent. Darum können Pflanzen als neuronale Individuen angesehen werden. (...)
Wie alle anderen lebenden Systeme agieren Pflanzen als ›wissenakkumulierende Systeme‹. Um sich anzupassen, generieren alle Organismen laufend Hypothesen über ihre Umgebung mit Hilfe von gutformulierten ›Fragen‹, die durch ein immer grösser werdendes Repertoire an möglichen ›Antworten‹ gelöst wer-

den. Neuronale Informationssysteme stehen hinter dem Konzept von Organismen als wissenakkumulierenden Systemen, weil sie die schnellsten und effizientesten adaptiven Antworten erlauben. Infolgedessen ist die neuronale Komputation nicht auf Tiergehirne beschränkt, sondern wird auch von Bakterien und Pflanzen gebraucht.

Reduktionistische Betrachtungsweisen werden weiterhin biologische Systeme ›atomisieren‹. Doch die Lawine neuer Daten wird eine funktionale Integration nötig machen. (...) Die Pflanzensystembiologie, und die Biologie als Ganzes, muss die Dogmen der mechanistischen und genzentrierten Biologie hinter sich lassen.«

S. 64 Eric Brenner sagt (Anhäuser, 2007): »Die alten Begriffe reichen nicht mehr aus, um all die neuen Entdeckungen zu beschreiben. Wenn man bedenkt, dass Sonnenblumen Aktionspotenziale über eine Distanz von 30 Zentimetern senden können – wobei das Signal mehr als 1000 Zellen überwinden muss –, drängt sich der Vergleich mit Tieren geradezu auf.«

S. 64 Günther Witzany schreibt (2006b, S. 173): »Im Gegensatz zum zentralen Nervensystem von Tieren, das den Metabolismus und die Reaktionen zentral kontrolliert, ist die Kontrolle bei Pflanzen dezentral. Das ermöglicht es Pflanzen, unabhängige Wachstums- und Entwicklungsprozesse in gewissen Regionen ihres Organismus einzuleiten, zum Beispiel, wie ein bestimmter Zweig wachsen soll, was vom Wind, Lichtwinkel und der Gesamtarchitektur der Pflanze abhängt. Die meisten Aktivitäten, die Pflanzen in Bezug auf Wachstum und Entwicklung vornehmen, erfordern Kommunikationsprozesse (...) zwischen allen Teilen der Pflanze.«

S. 64 *Pflanzen reagieren flexibel*

Während Tiere davonrennen oder ihr Verhalten ändern können, reagieren Pflanzen mit Änderungen in der Entwicklung und im Wachstum. Der Löwenzahn, der in meinem Garten auf dem Kalkmergelweg wächst, ist mit demjenigen nebenan, im schattigen Gras, nicht zu vergleichen. Der eine ist winzig klein, auf den Boden geduckt, mit kleinen, ockergrünen zähen Blättern. Der andere wächst gut dreissig Zentimeter hoch, wird also zehnmal grösser, hat eine goldgelbe, grosse Blüte und dunkelgrüne, ausladende Blätter. Diese phänotypische Plastizität genannten Eigenschaften ermöglichen Pflanzen eine optimale Anpassung an unterschiedliche Umgebungen.

S. 64 Jürg Stöcklin schreibt (2007, S. 46): »Phänotypische Plastizität bezeichnet die Fähigkeit eines Organismus, auf Reize in seiner Umwelt mit einer Veränderung seines Phänotyps zu reagieren. (...) In den letzten Jahren hat das Interesse an phänotypischer Plastizität von Pflanzen enorm zugenommen. Phänotypische Plastizität wird dabei oft als eine Art von Verhalten interpretiert, welches Pflanzen als Kompensation für ihre fehlende Beweglichkeit entwickelt haben. Tierisches Verhalten schliesst als wesentliche Elemente rasche Reaktionsfähigkeit und Bewegung mit ein. Pflanzliches Verhalten ist demgegenüber an Wachstums- oder Entwicklungsprozesse gebunden und benötigt deshalb in der Regel auch mehr Zeit.«

Die Erinnerung der Ackerschmalwand

S. 67 *Experiment von Barbara Hohn und ihrem Team zur epigenetischen Vererbung:* Molinier et al. (2006)
Die gestressten Pflanzen zeigten eine erhöhte Rate homologer Rekombinationen bei einem Reporter-Gen: Der Austausch von Erbmaterial zwischen den beiden homologen (zueinander passenden) Chromosomen wurde erhöht. Die Rekombinationshäufigkeit bei den gestressten Pflanzen nahm jeweils auf etwa das Vierfache zu. Das führte zu einer erhöhten Flexibilität des Genoms. Diese Eigenschaften wurden bis in die fünfte Generation weitervererbt.

S. 70 *Lyssenko – ein Anhänger Lamarcks*
Lamarcks Theorie hatte auch gesellschaftliche Auswirkungen, zum Beispiel in der Sowjetunion zu Zeiten Josef Stalins. Damals war Trofim Denissowitsch Lyssenko (1898–1976) der führende Biologe des Landes. Er war ein Lamarckist. Er vertrat die Lehre, dass erworbene Eigenschaften vererbt würden, und negierte die Existenz von Genen als unsozial. Er machte seinen Einfluss geltend, um Genetiker im Gulag verschwinden oder sogar umbringen zu lassen. Aufgrund unzulänglicher Experimente kam er zudem zum Schluss, dass Weizen sich in Roggen verwandle, wenn er unter ungünstigen klimatischen Bedingungen ausgesät werde. Tatsächlich hatten sich aber Roggenpflanzen von benachbarten Feldern in seinem Versuchsfeld ausgesät.

Lyssenko liess seine Theorie in die Praxis umsetzen, was zu erheblichen Missernten führte, welche die damaligen Hungersnöte noch verschärften.

S. 71 *Was ist eine epigenetische Vererbung?*

Colborn et al. schreiben (1996): »Bei der *genetischen Vererbung* werden Eigenschaften von einer Generation zur nächsten via DNA-Sequenzen in den Genen weitergegeben. Unterschiede in einer DNA-Sequenz bestimmen Unterschiede in einer Eigenschaft.

Die *epigenetische Vererbung* beinhaltet, dass eine Eigenschaft von einer Generation zur nächsten weitergegeben wird, ohne einen Unterschied in der DNA-Sequenz. Bekannte Mechanismen der epigenetischen Vererbung sind zum Beispiel Änderungen in molekularen Strukturen um die DNA, so dass das Gen sich anders benimmt, obwohl es immer noch das gleiche ist. So können Gene an- oder abschalten, als Antwort auf hormonale Signale.«

S. 71 Zur Epigenetik gehören verschiedene Mechanismen und chemische Moleküle auf sehr unterschiedlichen Ebenen. Ein Beispiel sind Methylgruppen, die wie Post-its an bestimmte DNA-Bausteine angehängt werden und diese stillegen.

S. 71 Grant-Downton und Dickinson schreiben in ihrem Reviewartikel zur Epigenetik bei Pflanzen (2006): »Für Pflanzen als sesshafte Organismen ist es äusserst wichtig, dass sie Umweltänderungen wahrnehmen und darauf eine Genexpressionsantwort initiieren können. (...) Epigenetische Systeme müssen Teil des ›Relais‹ sein, das zwischen der Wahrnehmung der Umgebung und der Änderung der Genexpression liegt. Diese Systeme können sich schnell und reversibel ändern, und gleichzeitig haben sie das Potential, ein stabiles ›Gedächtnis‹ durch viele Zellteilungen hindurch zu behalten. Das muss ein Schlüssel sein für die Flexibilität pflanzlicher Antworten auf die Umgebung.«

S. 72 *Literatur zur epigenetischen Vererbung:* Grant-Downton und Dickinson (2006), Jablonka und Lamb (2005), Jaenisch und Bird (2003)

S. 72 *Epigenetische Vererbung bei Ratten:* Anway et al. (2005)

M. D. Anway und seine Gruppe vom Center for Reproductive Biology, School of Molecular Biosciences in Pullman, Washington, setzten schwangere Ratten einem Pilzgift aus. Ihre Jungen waren oft unfruchtbar. Auch die männlichen Enkel hatten Probleme mit der Fruchtbarkeit. Die Eigenschaft wurde bis in die fünfte Generation weitervererbt, obwohl keine dieser Ratten jemals wieder dem Pilzgift ausgesetzt wurde. Die Autoren schreiben: »Das bedeutet: Ein Rattenmännchen der fünften Generation war unfruchtbar, weil seine Urgrossmutter einem Fungizid ausgesetzt war, als sie noch in der Gebärmutter ihrer Mutter heranwuchs.« Die Giftdosis sei in ihrem Experiment sehr hoch gewesen. Man wisse noch nicht, ob auch niedrigere Dosen solche Effekte provozierten – und ob Menschen ähnlich reagierten wie Ratten.

S. 72 *Epigenetische Vererbung beim Menschen:* Kaati et al. (2002)
Eine schwedische Forschungsgruppe von der Universität Umeå hat die historischen Daten von 320 Familien über drei Generationen zurückverfolgt. Menschen, deren Grosseltern im Alter von neun bis zwölf Jahren wenig zu essen bekamen, schienen eine längere Lebenserwartung zu haben. Die Unterschiede waren signifikant. Die Forscher schreiben, dass der Körper vor der Pubertät besonders empfindlich sei. Ihre Vermutung ist, dass der Hungerstress während dieser Zeit im Erbgut der Grosseltern epigenetische Veränderungen hervorgerufen hat, auch in deren Spermien und Eizellen. Diese Erfahrungen wurden weitervererbt, bis hin zu den Enkeln. »Du bist, was deine Grosseltern assen« hiess der Titel dieser Studie in einem Wissenschaftsmagazin.

S. 72 *Epigenetische Vererbung und elektrostatische Felder:* Bürgin (2007)
Gegen Ende des zwanzigsten Jahrhunderts untersuchten die Basler Forscher Guido Ebner und Heinz Schürch, wie Pflanzensamen und Fischeizellen auf ein elektrostatisches Feld reagieren – also ein Hochspannungsfeld, in dem kein Strom fliesst.
Sie hatten Sporen des gefiederten Gewöhnlichen Wurmfarns *(Dryopteris filix-mas)* einem elektrostatischen Feld (E-Feld) ausgesetzt und anschliessend grossgezogen. Es entstand eine Art Hirschzungenfarn mit glatten, ungefiederten Blättern. Dabei handelte es sich um keine heute bekannte Art, doch in der Fachliteratur dokumentierte Pflanzenabdrücke in Steinkohleablagerungen deuteten auf einen längst ausgestorbenen Urfarn hin. Kann ein E-Feld die Evolution zurückspulen?
Innerhalb von vier Generationen entwickelte sich der »Urfarn«

wieder langsam hin zu einem Gewöhnlichen Wurmfarn. Das deutet darauf hin, dass eine epigenetische Vererbung vorgelegen hatte, dass also keine Gene verändert worden waren, sondern »bloss« die Regulierung der Gene. Es könnte also sein, dass durch epigenetische Einwirkungen während der Evolution stillgelegte Gene reaktiviert wurden.

Maiskörner, die während der Keimung in einem E-Feld aufwuchsen, wurden zu Pflanzen von gedrungener Gestalt, die mehr Kolben pro Pflanze ausbildeten. Bei einigen waren bis zu zwölf Kolben an einem Stiel.

Forelleneizellen, die vier Wochen lang einem E-Feld ausgesetzt waren, entwickelten sich zu einer Wildform, die in Europa seit 150 Jahren als ausgestorben gilt. Die Forellenmännchen hatten einen ausgeprägten »Lachshaken« – einen vorstehenden Unterkiefer mit einem Haken –, und sowohl Männchen wie Weibchen zeigten eine auffallend rötliche Kiemenfärbung.

Guido Ebner und Heinz Schürch bekamen von der Firma Ciba-Geigy (heute Novartis) ein Labor zur Verfügung gestellt und hatten freie Hand zum Forschen. 1989 erhielt Ciba-Geigy ein von Ebner und Schürch eingereichtes Patent zur Verbesserung der Fischzucht mit Hilfe von E-Feldern. 1990 mussten die beiden aus gesundheitlichen Gründen die Firma verlassen; das Labor wurde geschlossen. Die beiden Wissenschaftler veröffentlichten ihre Forschungsergebnisse nie in einer Fachzeitschrift; die einzige »offizielle Akte« ist die Patentschrift.

Ich sprach kürzlich mit Edgar Wagner. Der emeritierte Professor für Elektrophysiologie an der Universität Freiburg im Breisgau arbeitete mit beiden Forschern zusammen und hält ihre Experimente für seriös. Er wurde von der GFBG, der Gesellschaft für Forschung auf biophysikalischen Grenzgebieten, beauftragt, die Experimente von Ebner und Schürch nachzubauen. Sein Fazit nach einem Dreivierteljahr Forschung: Er konnte keine quantitativen Resultate feststellen und ihre Forschungsergebnisse nicht bestätigen. Das sei nicht verwunderlich, meinte Edgar Wagner. Das vom E-Feld beeinflusste epigenetische System sei ein dynamisches, komplexes und hochsensibles Netzwerk. Es reagiere extrem empfindlich auf kleinste Veränderungen der Parameter, seien dies Feldstärke, Zeitpunkt oder Zeitdauer der E-Feld-Einwirkung, Gewebeort, Entwicklungsstadium o.a. Bereits geringste Versuchsabweichungen führten zu unterschiedlichen Resultaten. Guido Ebner und Heinz Schürch hatten jahrelang experimentiert, bevor sie ihre spektakulären Erfolge vorweisen konnten. Er selbst müsste auch mehrere Jahre und mit viel mehr Ressourcen forschen können, um zu solchen Resultaten zu kommen. Es sei also illusorisch zu meinen, mit E-Feldern liessen sich auf einfache Weise spektakuläre Erfolge erzielen. Dazu sei das epigenetische System viel zu komplex und multidimensional.

Die Esoterikfalle

S. 75 *Die Lärche von Obergesteln*

Die rund 1500 Jahre alte Lärche ist etwa 35 Meter hoch und immer noch sehr vital. Ihr Alter musste geschätzt werden. Eine genaue Messung sei nicht möglich gewesen, sagt Christoph Leuthold, Leiter der Bildungswerkstatt Bergwald in Steffisburg. Dazu müssten die Jahrringe mittels Kernbohrung ermittelt werden. Das gehe aber nicht, weil die Lärche vom Stammfuss bis auf 20 Meter hinauf hohl ist. Er schätzte das Alter aufgrund von Indizien. So wurde neben dem greisen Baum eine wesentlich dünnere Lärche gefällt, deren Alter anhand der Jahresringe auf 800 Jahre bestimmt wurde.

S. 75 Lärche und Mensch hängen eng voneinander ab; das zeigt auch ihre Kulturgeschichte. Der Forstingenieur und Publizist Christian Küchli beschreibt in seinem wunderbaren Buch *Auf den Eichen wachsen die besten Schinken* (2000), wie die Lärche immer von Bauern gefördert wurde, da sie sich gut für die Weide-Wald-Wirtschaft eigne. Unter den Lärchen ist das Gras vor austrocknenden Winden geschützt. Die Nadeln, welche die Lärche im Herbst fallen lässt, ergaben guten Dünger und wurden als Streu für Ställe verwendet. Das witterungsfeste Holz diente als Baumaterial für Häuser; aus dem Lärchenharz – dem Lörtsch – gewann man Terpentin und Medikamente. Das im Wallis gelegene Lötschental ist das Tal der Lärchen.

Im neunzehnten Jahrhundert war die Lärche in der Schweiz beinahe ausgerottet. Man fällte sie in grossen Mengen, brachte sie ins Tal und flösste sie über die Flüsse ins Flachland – als begehrtes Bauholz oder als Brennholz für Salzpfannen zur Gewinnung von Salz. Heute gibt es in der Schweiz wieder mehr Lärchen, als

die unberührte Natur wachsen liesse. Die Lärche ist ein Pionierbaum, sie wächst bis auf 2200 m ü.M. (die Fichte nur bis 1900 m ü.M.). Sie braucht viel Licht und erträgt Temperaturen bis -30 Grad Celsius. Christian Küchli schreibt (2000): »Die Lärche ist im Gebirgswald sehr erwünscht. Lawinenstabil und sturmfest, schneebruchsicher und durch die dicke Borke steinschlaggeschützt: eine ideale Baumart für den Schutzwald.«
Inzwischen hat sich die Lärche auf eine weitere, menschengemachte Änderung ihrer Umgebung eingestellt: Wegen der Klimaerwärmung treibt sie ihre Nadeln durchschnittlich dreiunddreissig Tage früher aus als im Jahr 1958. Das meldet der WWF in einer Pressemitteilung vom 19. März 2008.

S. 75 *Ältester Baum*

Der älteste lebende Baum der Welt ist eine fast zehntausend Jahre alte Fichte in Schweden. Der Nadelbaum steht am Fuluberg in der mittelschwedischen Provinz Dalarna. Forschende hatten das genaue Baumalter durch Analyse der Kohlenstoffvarianten im Holz des Baums (Kohlenstoff-14-Datierung) in einem US-amerikanischen Labor auf 9550 Jahre bestimmt (*Tages-Anzeiger,* 16. April 2008).

S. 76 *Zur Esoterik*

Erstaunlich war, wie wenige fundierte Quellen ich zum Thema Esoterik fand. In manchen Enzyklopädien fehlte der Begriff ganz: *Der grosse Herder* (1954) widmete ihm gerade drei Zeilen, *Meyers Enzyklopädie* (1973) nicht viel mehr. Erst in den letzten Jahren hat sich dies geändert, doch die Esoterikforschung steht noch am Anfang. Die folgenden Zitate stammen aus dem *Brockhaus* (2006, S. 399ff.), welcher der Esoterik vier Seiten widmet: »Praktiken und Anschauungen, die heute vollständig oder teilweise für die Esoterik in Anspruch genommen werden, kommen aus Alchemie, Astrologie, Gnosis, Magie und Theosophie; man greift zurück auf (...) Zeremonien von Druiden und Hexen, der Templer und Rosenkreuzer; auch alternative Therapien, Selbsterfahrungsriten (Feuerlauf) sowie Elemente aus orientalischen Religionen werden vielfach einbezogen. Mit der Zusammenfassung dieser bis anhin zeitlich und räumlich getrennten Phänomene durch die neuen Oberbegriffe ›Esoterik‹ und ›Okkultismus‹ seit Lévi kündigt sich an, dass man diese seit etwa 1870 in ihrer Gesamtheit als Ausdruck einer neuen Weltanschauung

auffasst – mit einer ihnen gemeinsamen Frontstellung gegenüber den vorherrschenden Welt- und Menschenbildern. (…)
Die Esoterik ist seit dem 19. Jahrhundert eine Gegenströmung gegen die moderne Welt und deren ›Entzauberung‹ durch die Technik (Weber), ein ›dritter Weg‹ über die exakte Naturwissenschaft und die christliche Religion hinaus. (…)
Die neue Esoterik-Welle am Ende des 20. Jahrhunderts wurde in den USA durch das seit etwa 1968 von Kalifornien ausgehende, weitgehend esoterisch-theosophisch beeinflusste New Age ausgelöst, mit dem Versuch einer Gesellschafts- und Weltveränderung auf der Basis eines mystisch-esoterischen Utopismus.«
»Im Gegensatz zu den kommerziellen Grossveranstaltungen, die weder feste Mitgliedschaft noch ein bestimmtes Weltanschauungssystem der Teilnehmer voraussetzen, sind die organisierten Kultbewegungen meist älterer Herkunft und an eine Führergestalt und ihre Auffassungen gebunden.« Beispiele hierfür seien die Anthroposophie, Alice-Bailey-Gruppen oder die UFO-Bewegung.
Der katholische Theologe und Spezialist in Fragen der Mystik, Josef Sudbrack, sieht den »massgebenden Gegensatz zur religiösen Weltdeutung« darin, »dass die Esoterik versucht (…) zu wissen und über die Sache zu verfügen. Religion aber gründet in einem Vertrauens-Glauben, der weder durch Wissen noch durch Erfahrung überholt werden kann.«

S. 78 *Cleve Backster und die paranormale Pflanzenseele*
Im Buch *Das geheime Leben der Pflanzen* (1974) erscheint als Kronzeuge Cleve Backster mit seiner Lehre zur paranormalen Pflanzenseele. Der US-Amerikaner ist Spezialist für Lügendetektoren. Wie er berichtete, habe er einmal in seinem Büro den Drachenbaum an sein Gerät angeschlossen und ein Blatt beschädigt. Zu seiner Überraschung habe er festgestellt, dass auf seinem Schreiber die typische Kurve erschien, die er von vielen Verhören her kannte, wenn Menschen positiv erregt waren. Daraufhin wollte er ein Blatt mit einem Streichholz anbrennen. Doch bereits beim Gedanken an diese Tat habe das Schreibgerät ausgeschlagen. Cleve Backster postulierte, dass Pflanzen menschliche Gedanken aufnehmen und verarbeiten könnten. Pflanzen, meinte er, würden telepathisch auf Bedro-

hungsgedanken von Menschen reagieren. Viele weitere Versuche hätten dies bestätigt. Backster schrieb der Pflanze übersinnliche, paranormale Fähigkeiten zu.

Der Biologe und Philosoph Hans Werner Ingensiep (siehe »Wie den Pflanzen die Seele abhanden kam«) baute Backsters Versuche mit hochempfindlichen Geräten am Institut für Genetik der Universität Bonn nach. Sein Fazit: Bereits kleinste Schwankungen in der Luftfeuchtigkeit, verursacht von einer Person, die den Raum betrat, hatten zu elektrischen Impulsen geführt. »In keinem Fall war da irgend etwas Paranormales. Backsters Versuche sind voller Fehlerquellen und spekulativer Interpretationen. Seine Theorien sind nicht haltbar.«

S. 81 *Zur Evolution von Pflanzen und Tieren*

Jürg Stöcklin schreibt (2007, S. 12ff.): »Die Unterschiede zwischen prokaryotischen und eukaryotischen Zellen sind deutlich grösser als diejenigen zwischen Pflanzen- und Tierzellen. (...) Prokaryoten sind Einzeller, die noch keinen echten Zellkern besitzen und deren Unterteilung der Zelle in Reaktionsräume weniger ausgeprägt ist als bei den Eukaryoten. (...) Die Prokaryoten sind Organismen, die bereits vor 3,5 Milliarden Jahren auf der Erde existierten und sich während 2 Milliarden Jahren allein und äusserst erfolgreich entwickelten. Dabei entstanden vielfältige strukturelle und funktionelle Anpassungen, darunter bereits alle grundlegenden Ernährungsformen und Stoffwechselwege, die auch bei den stammesgeschichtlich jüngeren Eukaryoten vorkommen. (...) Die Eukaryoten umfassen die vier Reiche *Protista, Plantae, Fungi* und *Animalia.* (...) Die Reiche der *Plantae* (Pflanzen), *Fungi* (Pilze) und *Animalia* (Tiere) sind vielzellige eukaryotische Organismen, während das Reich der Protisten ein Sammelsurium vorwiegend einzelliger eukaryotischer Organismen darstellt, die weder den Pflanzen noch den Pilzen, noch den Tieren zugeordnet werden können. (...) Die Entstehung der Vielzelligkeit aus Zellaggregaten ist mit einer zunehmenden Spezialisierung der Zellen, Arbeitsteilung und dadurch erhöhter Komplexität der Organismen verbunden. Echte Vielzelligkeit entstand unabhängig voneinander mehrmals gegen das Ende des Präkambriums vor ungefähr 700 Millionen Jahren. Ungefähr zu diesem Zeitpunkt trennen sich auch die Entwicklungslinien von Pflanzen und Tieren.

Die höheren Pflanzen (Reich *Plantae*) entstanden vor ca. 400 Millionen Jahren, als Abkömmlinge von Grünalgen das Land eroberten. Die Entwicklungsgeschichte der Pflanzen handelt von der Anpassung vielzelliger, Photosynthese betreibender und dadurch autotropher Eukaryoten ans Leben auf dem Festland und den dafür notwendigen komplexen Spezialisierungen. Die heute existierenden Tierstämme entstanden in einer Formenexplosion vor ungefähr 500 Millionen Jahren aus Tieren des späten Präkambriums. (...)
Erdgeschichtlich betrachtet sind sowohl Tiere als auch Pflanzen relativ junge Organismengruppen. Beide Gruppen entstanden auf der Grundlage einer fast 3 Milliarden Jahre dauernden Evolution prokaryotischer und eukaryotischer einzelliger Lebensformen.«

S. 82 *Ähnlichkeiten und Unterschiede zwischen Pflanzen- und Tierzellen*
Jürg Stöcklin schreibt (2007, S. 16f.): »Die meisten Strukturen, Prozesse und die Komplexität pflanzlicher und tierischer Zellen sind weitgehend identisch. Sowohl Tier- als auch Pflanzenzellen sind von einer Plasmamembran umgeben, beide enthalten einen Zellkern, Ribosomen, ein Labyrinth aus Membranen, das Endoplasmatische Reticulum, ein weiteres membranumhülltes Zellorganell, den Golgi-Apparat, Mitochondrien zur Bereitstellung von Energie, Peroxisomen mit oxidativen Enzymen, Mikrofilamente und Mikrotubuli des Zytoskeletts.«
Darüber hinaus gebe es auch wichtige Unterschiede zwischen tierischen und pflanzlichen Zellen. Zum Beispiel enthielten Pflanzenzellen Chloroplasten, die mittels Photosynthese Sonnenlicht in chemische Energie umwandeln und in Form von Stärke und anderen chemischen Molekülen speichern.
»Sowohl bei vielzelligen Tieren als auch bei Pflanzen steht das Cytoplasma der Einzelzellen durch Verbindungen miteinander in Kontakt, die Zellen kommunizieren miteinander, tauschen Informationen aus und bilden so die höheren Struktur- und Funktionseinheiten vielzelliger Organismen.«

S. 82 *Unterschiede zwischen Pflanzen und Tieren*
Bernhard Schmid, Leiter des Instituts für Umweltwissenschaften, Universität Zürich, sagt: »Tiere können dank ihrem kognitiven System flexibel reagieren. Pflanzen tun dies mit ihrer biochemischen, physiologischen, morphologischen und

architektonischen Plastizität. Diese phänotypische Plastizität zeichnet Pflanzen gegenüber Tieren aus. Das ist eigentlich das spezielle Merkmal der Pflanzen. Für die Ressourcenaufnahme ist dies extrem wichtig, weil Pflanzen nicht irgendwohin laufen können und ihre Nahrung nicht in kompakten Portionen aufnehmen. Pflanzen nehmen ihre Nahrung diffus auf, darum müssen sie ständig wachsen und ihre grosse Oberfläche optimal plazieren, um möglichst viel Licht und Wasser aufnehmen zu können« (persönl. Mitteilung, 2004).

S. 82 *Zwischen Pflanze und Tier*

Die Venusfliegenfalle *(Dionaea)*

Im Unterschied zu Tieren können sich Pflanzen meist nicht schnell bewegen, und sie sind keine Karnivoren. Die Venusfliegenfalle kann beides: Sie bewegt sich blitzschnell und ernährt sich von Tieren. Wenn eine Fliege in ihre Fänge gerät, klappen die beiden Fangblätter in Sekundenbruchteilen zu – das Insekt sitzt in der Falle. Die Borsten an den Blatträndern versperren wie Gitterstäbe den Ausweg. Dann wird die Fliege von Enzymen, die aus vielen kleinen Drüsen austreten, verdaut. Die dabei gewonnenen Nährstoffe nimmt die Pflanze direkt über das Blatt auf. Nach ein paar Tagen ist von der Fliege nur noch die Chitinhülle übrig.

Die Bewegungen der Venusfliegenfalle werden durch elektrische Signale ausgelöst. Bereits Charles Darwin hatte diese Pflanze untersucht und war fasziniert, wie ihre Bewegungen denen der Tiere glichen, die durch Nervenimpulse verursacht werden.

Die Augentierchen *(Euglena)*

Ein zentraler Unterschied zwischen Tieren und Pflanzen ist zudem, dass Pflanzen Photosynthese betreiben und autotroph sind (sie benötigen zum Aufbau ihrer Körpersubstanzen nur anorganische Stoffe, z.B. Wasser, Kohlendioxid oder Salze). Tiere hingegen sind bei der Ernährung auf organische Stoffe, also auf Pflanzen, angewiesen, sie sind heterotroph.

Die Augentierchen werden zu den Tieren gezählt. Die Einzeller bewegen sich mit einer Geissel im Wasser und besitzen wie Tiere einen echten Zellkern. Doch die meisten Arten enthalten Chlorophyll und betreiben Photosynthese – sie ernähren sich wie die Pflanzen autotroph. Es gibt auch Formen, die wie Tiere heterotroph sind. Viele Arten gebrauchen sogar beide Ernährungsweisen.

Das wiedergewonnene Gespür

S. 90 Strahler: schweizerisch für (Berg-)Kristallsucher.

S. 91 *Zur Hellfühligkeit*

Andreas Schwarz bietet eine mögliche Erklärung für seine Hellfühligkeit an: »Das Unterbewusstsein nimmt vierundzwanzig Stunden am Tag wahr, was um uns herum passiert. Nur sehr wenige Eindrücke gelangen auch tatsächlich ins Bewusstsein. Wer hellfühlig ist wie ich, achtet vor allem viel genauer auf die eigenen inneren Reaktionen. Man merkt dann, dass unser Unterbewusstsein gelegentlich deutlicher anklopft und die Aufmerksamkeit auf etwas lenken will. Wir lernen, Dinge wahrzunehmen – Bilder, Energien, Töne, Farben –, die normalerweise nicht aus dem Unterbewussten ins Bewusstsein gelangen.«

Das Unterbewusste spielt nach heutigen Kenntnissen der Neurowissenschaften tatsächlich eine viel aktivere und selbständigere Rolle als bisher angenommen. Viele Neurobiologen und -biologinnen gehen davon aus, dass das Gehirn ein konstantes »Monitoring« betreibe über alles, was um uns herum abläuft. Es sei das Unterbewusste, das entscheide, wann ein Eindruck wichtig genug sei, um ins Bewusstsein zu gelangen. So schreibt Michael Shadlen von der Universität von Washington in Seattle: »Wir vermuten, dass das normale unterbewusste Gehirn die Umgebung nach Zeichen absucht, mit deren Hilfe es entscheiden kann, ob es wach werden und sich engagieren soll. (...) Der Entscheid, sich überhaupt zu engagieren, ist letztendlich ein unbewusster Entscheid, bewusst zu sein« (Douglas, 2007).

S. 97 *Zur Bildekräfteforschung*

Dorian Schmidt schreibt: »Die Methode der Bildekräfteforschung beschränkt sich nicht auf die Verkostung von Lebensmitteln. Bildekräfte können auch mit den Augen, durch ein (liebevolles) Sichvertiefen in die Pflanze, wahrgenommen werden. Die Wahrnehmungsvertiefung mit Hilfe eines verwandelten Denk- oder Vorstellungsvermögens ist bei allen praktischen Anwendungen der Bildekräftemethode gleich« (persönl. Mitteilung, 2007).

Dorian Schmidt gründete 2003 den Verein für Bildekräfteforschung. Behandelt werden aktuelle Fragen zu Lebensmittelverpackungen oder zu speziellen Züchtungsmethoden von Nutzpflanzen, immer unter dem Qualitätsaspekt. Inzwischen geben einige Personen Kurse in der Bildekräfteforschung. Kontaktadresse: Martinstrasse 3, D-64625 Bensheim.

S. 100 *Intuitiv Wissende, zum Beispiel Schamanen*

Auch Schamanen sind Meister in der Kunst, die »Zeichen« von Pflanzen aufzunehmen und diese zu interpretieren. In meinem Buch *Zellgeflüster* ging ich der Frage nach, wie Schamanen wissen, was sie wissen. Der Anthropologe Jeremy Narby, der lange Jahre bei den Ashaninca-Indianern im peruanischen Urwald gelebt hatte, erzählte, dass die Schamanen der Ashaninca ein enzyklopädisches Wissen über Pflanzen und Tiere besässen. Sie wüssten auch viel über die Heilwirkung von Pflanzen. Dieses Wissen, erklärten ihm die Schamanen, erhielten sie von den Pflanzen selbst. Nach Einnahme des starken Halluzinogens Ayahuasca könnten sie in ihren Visionen mit Pflanzen in Verbindung kommen. Sie erhielten Zeichen von ihnen und kommunizierten mit den Pflanzen. Schamanen kultivierten die Kunst der Entgrenzung. Ein Schamane müsse eine lange Schulung durchlaufen, die vor allem darin bestehe, Entfokussierungstechniken zu erlernen, sich in Visionen zu bewegen und kontrolliert mit den Geistern oder Seelen anderer Lebewesen in Kontakt zu treten, jenseits der üblichen Begrenzungen von Raum und Zeit. Ein wichtiges Element der Wissensaneignung sei die totale Identifizierung mit der Natur (Koechlin, 2005, S. 111ff.).

S. 100 *Intuitiv Wissende und Wissenschaft*

Der Anthropologe Claude Lévi-Strauss stellte als einer der ersten den Schamanismus auf die gleiche intellektuelle Ebene wie die westliche Wissenschaft. Statt die beiden gegeneinander auszuspielen, ist es gemäss Lévi-Strauss adäquater, sie als zwei parallele Methoden zur Erlangung von Wissen zu betrachten. Es sind zwei verschiedene Strategien, um die Natur wissenschaftlichen Untersuchungen zugänglich zu machen. Die eine lehnt sich an die subjektive Wahrnehmung und Vorstellungskraft an, die andere entfernt sich möglichst weit davon. Die Aufgabe jeder Wissenschaft sei es, Verbindungen herzustellen, sagt Lévi-Strauss, und dies scheint auf zwei unterschiedlichen

Pfaden erreicht werden zu können: auf einem Pfad nahe der wahrnehmbaren Intuition und einem anderen, weiter davon entfernten (Koechlin, 2005, S. 119f.).

Malen im Reich der Blumen

S. 103 *Zeitgenössische Malerei und Pflanzen*
Einen für mich ganz neuen Zugang zu Pflanzen- und Naturhaftem findet die deutsche Malerin Herta Müller. Auch Per Kirkeby, Tshuta Kimura und Brice Marten eröffneten mir ungewohnte Einblicke in die botanische Welt.

S. 103 *Zu Cy Twombly*
Cy Twombly wurde 1928 in Lexington, Virginia, geboren und zählt zu den wichtigsten Vertretern des Abstrakten Expressionismus. Heute lebt und arbeitet er in Rom.

S. 104 Richard Leeman schreibt (2005): »Das Thema der Metamorphosen ist eine Konstante in Twomblys Œuvre. (...) Auch ›Empire of Flora‹ (1961) behandelte wie das gleichnamige Poussin-Gemälde die Ovidsche Metamorphose der Götter oder Helden in Blumen. Narkissos, Hyakinthos und Adonis haben eines gemeinsam: Aus der mit ihrem Blut getränkten Erde – Rot und Braun als zwei Grundelemente der Twomblyschen Palette, neben dem Weiss der Wolke und dem Grau des Spiegels – erwächst eine Blume, klassisches Symbol vergänglicher Schönheit, deren Schicksal es ist, kontinuierlich zu sterben und neu geboren zu werden, was die Vorliebe des Künstlers für dieses Thema erklärt.«

S. 104 Der Maler Charles Blockey erzählte mir in seinem Atelier im Walzwerk Münchenstein: »Bei Cy Twomblys Bildern hat man nie den Eindruck, dass sie fertig sind. Immer ist ein Wille da, der durchbläst wie ein Wind. Er geht ganz in den Moment hinein, als ob er uns bedeuten würde: ›Ich weiss nicht im voraus, nicht einmal während des Malens, was ich damit will oder wohin die Reise geht. Ich bin da und versuche aus dem Moment unterschiedliche Präsenz zu zeigen – mal schreiben, mal wieder zurücknehmen, weiss abdecken, kritzeln, weiterziehen ...‹ Mir imponiert an diesem Maler, dass er ganz im Moment aufgeht – dieses Vertrauen, dass der Pinsel selber weiss, was er malt. Das hat für mich stark etwas mit der Pflanzenwelt zu tun.«

S. 104 Der französische Semiotiker und Schriftsteller Roland Barthes schreibt (1983, S. 16): »Im Gegensatz zu vielen zeitgenössischen Malern zeigt Cy Twombly die Geste. Es geht nicht darum, das Produkt zu sehen, zu denken, zu kosten, sondern die Bewegung, die es *dazu* gebracht hat, wieder zu sehen, zu identifizieren oder gar zu ›geniessen‹.«

S. 105 *Per Kirkeby und Bäume*

Der Maler Per Kirkeby schreibt (Gohr, 1994): »Im allgemeinen liegt die Welt vor uns wie ein Schleier, wie hinter einem Vorhang verborgen. Und der Vorhang besteht aus unserer Sprache. Die Sprache ist ein praktisches Mittel, um sich hier in der Welt zurechtzufinden. Wir sagen, dort steht ein Baum. Okay, dann geht man nicht in den Baum hinein, vorher muss man ihn abholzen und dann verfeuern. Aber eigentlich steht vor uns ein ganz besonderer Baum. Und es gibt Augenblicke, wo man mit einer unglaublichen Klarheit sieht, das ist ein Baum, ein ganz besonderes Ding. Es gibt keine Entsprechung in dem Wort ›Baum‹ für den Baum, der da steht.«

S. 105 *Joseph Beuys und Pflanzen*

August Heuser schreibt (2000): »Das Strömende und Fliessende, das Flüchtige, die stete Veränderung und Bewegung im vegetativen Wachsen war es wohl, was Beuys an den Pflanzen interessierte, wie er sie mit seinen Zeichnungen festhielt. Nur wenige dieser Arbeiten erinnern dabei an Zeichnungen im klassischen Sinne (...). Die Pflanzenzeichnungen sind weitgehend flüchtige Notate, die einen zeichnerischen wie auch biologischen Prozess beschreiben bzw. auf einem Punkt festhalten. Sie sind freilich höchst filigran mit dem Bleistift, Kugelschreiber oder mit dem Füllhalter gezeichnet und manchmal sogar mit Wasserfarbe direkt mit dem Pinsel aufs Papier gebracht.«

S. 105 *Verschiedene Maler und die Pflanzenwelt*

Am Kartenständer des Kunstmuseums Basel suchte ich nach Postkarten, welche die Pflanzenwelt zum Thema haben – eine ganz und gar zufällige Auswahl also. Mich interessierte, wie bekannte Kunstschaffende Pflanzen wahrnehmen.

Da ist das berühmte Bild »Urwaldlandschaft mit untergehender Sonne« von Henri Rousseau. Ein wilder Tropenwald, unendlich vielfältig, und jedes Gewächs hat etwas Besonderes. Es wuchert und wächst und breitet sich in alle Richtungen aus, hin zum Licht im blassblauen Himmel mit der roten Sonne.

Mitten in den Tropengewächsen greift ein Jaguar einen schwarzen Menschen an. Er springt gerade, mit nach innen geballter Kraft, konzentriert auf den Sprung – er verkörpert das pure Gegenteil der sich verströmenden Pflanzen.
Eine Postkarte von Paul Klee heisst »Pflanzen-Analytisches«. Das Bild scheint symbolhaft die verschiedenen Stadien einer Pflanze darzustellen – die Blütenphase zuoberst, ein stilisierter Kelch, dann folgen das grüne Laub und zuunterst – vermutlich – die Wurzel.
Die Karte von Ferdinand Hodler zeigt eine Skizze von sechs rotblühenden Blumen, Rosen wahrscheinlich. Es war sein »Neujahrsgruss 1905«. Alles Anmutige, Liebliche oder auch Unschuldige, was einer Blüte eigen ist, kommt in dieser Linienführung, in diesem Rhythmus der Blätter wunderbar zum Ausdruck.
Von Joseph Beuys stammt eine Karte, die eher einen wissenschaftlichen Eindruck hinterlässt. »Gepresste Pflanzen auf Papier« heisst sie schlicht – ein paar getrocknete Pflanzen, ein paar Flecken auf dem Papier, alle in warmen Ocker- und Brauntönen. Hier kommt eher etwas Ersterbendes zum Ausdruck, Zeugnis der fragilen Vergänglichkeit dieser Pflanzen.
»Schattengeister des Waldes« heisst eine Postkarte von Mark Tobey, ein feines weisses Gekritzel auf blaugrauem Hintergrund, es provoziert bei mir den Eindruck eines unendlich verästelten Dickichts, eines undurchdringlichen Gestrüpps ohne Weg und ohne Haus. Brombeergestrüpp bis in den Himmel, weit und breit nichts anderes in Sicht. Ein paar feine schwarze, besonders dornige Strukturen heben sich leicht heraus.
S. 107 Zum Thema Pflanzen in der bildenden Kunst befragte ich auch den Wissenschaftler und Maler Daniel Ammann. Seit über zwanzig Jahren arbeiten wir zusammen, um den Vormarsch der Agrogentechnik zu bremsen und uns gegen den Anbau genmanipulierter Pflanzen und deren Patentierung zu wehren. Er ist Geschäftsleiter der Schweizerischen Arbeitsgruppe Gentechnologie (SAG), einer Dachorganisation aller gentechnikkritischen Verbände in der Schweiz. Ich arbeite im Vorstand der SAG mit. Daniel Ammann lehrt überdies an der ETH Zürich am Departement Umweltwissenschaften.
Daniel Ammann malt seit vierzig Jahren. Und von Beginn an

war es der Wald, der ihn in seinen Bann zog, der Wald mit seinen Räumen, seinem Lichtspiel, seiner Erhabenheit. »Es ist eine lebenslange Annäherung an dieses Motiv«, sagt er. Im steten Sichhineinempfinden in die Pflanze und in ihre Umgebung geschehe aus malerischer Sicht zweierlei: eine wachsende Spiegelung des eigenen Inneren und ein stufenweises Sichöffnen des Motivs. Er fügt an: »Du weisst am Schluss nicht mehr: Ist das Bild, das du gerade malst, in erster Linie eine Hochschätzung der Pflanze oder eher ein Ausdruck deiner selbst? Irgendwie spürst du: Es ist beides.«

»Je länger diese Zwiesprache dauert, desto mehr beginnt sich das Motiv zu transformieren. Das Abbild des Baumes oder des Waldes löst sich auf, befreit sich von unbedeutenden Wirklichkeitsansprüchen, und das Motiv Pflanze gewinnt damit an Bedeutung. Der Zugang zur Pflanze erfolgt zunehmend wertfreier, absichtsloser, und die malerische Annäherung an das Wesen wird – folgerichtig – abstrakter.«

Daniel Ammann erzählt mir, dass er sich nun ganz von der realistischen Darstellung des Waldes gelöst habe und eine Werkreihe »closed eyes« (geschlossene Augen) bearbeite, in der – nebst anderen Themen – auch die Wesenhaftigkeit des Waldes gegenstandslos und stärker als zuvor hervortrete.

Die Malerei sei eine der stärksten Vermittlerinnen zwischen Natur und Mensch, fährt er fort. Doch über ein Kunstwerk zu sprechen sei grundsätzlich schwierig, weil das Bild die Sprache selbst sei. Jeder Betrachter kann andere Empfindungen haben, denn das Bild tritt in Resonanz mit ihm, und diese fällt in Abhängigkeit vom jeweiligen Betrachter unterschiedlich aus.

Ich frage ihn, welche Maler für ihn etwas ganz wesentlich Pflanzenhaftes ausdrücken. Er nennt Paul Klee: »Dieser Maler verzaubert die Pflanzenwelt mit grosser Poesie. Er kreiert eine Phantasiewelt, einen Neuentwurf der Natur. Paul Klee gibt uns die Möglichkeit, neue Zusammenhänge zu sehen.« Klee schrieb 1934: »Berufen sind die Künstler, die dorthin vordringen, wo das Urgesetz die Entwicklung speist.«

S. 109 *Zu Matthias Grünewald*

Der Maler Matthias Grünewald (um 1475/80–1528) hiess eigentlich Mathis Gothart-Nithart. Er malte den Isenheimer Altar vermutlich zwischen 1506 und 1515.

S. 110 *Zum Antoniusfeuer*

Lottlisa Behling schreibt (1957, S. 144): »Ursache dieser furchtbaren Krankheit, bei welcher die davon befallenen Glieder der Kranken sich unnatürlich feuerrot und später blauschwarz bis zum Absterben verfärben, ist ein parasitischer Pilz, *Claviceps purpurea Tulasne,* der vornehmlich in Ähren von Roggen lebt und dort die Erscheinung des sogenannten Mutterkorns hervorruft, eine Erkrankung des Roggenkorns, das durch Pilzbefall eine hornförmige gebogene Gestalt erhält. Da die Getreidearten damals die Hauptnahrungsquelle darstellten und man in teuren Zeiten auch das kranke Korn mitvermahlte, war der Ausbruch der Seuche unvermeidlich. Die Antoniter nahmen sich in ihren Spitälern der von Brand- und Krampfseuche des *ignis sacer* Befallenen an.« – Die furchtbar entstellte Gestalt in der linken Ecke der Antoniusversuchung des Isenheimer Altars zeigt Symptome einer Mutterkornvergiftung.

Shiva und die heilige Lotosblume

S. 115 Der emeritierte Professor N. V. P. Unithiri lehrte Sanskrit und indische Philosophie, zuletzt an der Universität Calicut.

S. 116 Vandana Shiva zu Naturkonzepten in indischen Religionen – eine Interpretation aus feministischer Sicht (1994): »Aus Sicht der indischen Kosmologie, sowohl in ihren exoterischen wie esoterischen Traditionen, wird die Welt durch ein dialektisches Spiel erschaffen und erneuert, ein Spiel aus Kreation und Zerstörung, Zusammenhalt und Auseinanderfallen. Die Spannung zwischen den Gegenpolen, aus der Bewegung entsteht, wird als die erste Erscheinung der dynamischen Energie (Shakti) bezeichnet. Alle Existenz entsteht aus dieser ursprünglichen Energie; sie ist die Substanz von allem und durchdringt alles. Die Manifestation dieser Macht, dieser Energie wird Natur (Prakriti) genannt. Die Natur, sowohl die belebte wie auch die unbelebte, ist also ein Ausdruck der dynamischen Energie Shakti; sie ist das weibliche und kreative Prinzip des Kosmos. In Verbindung mit dem männlichen Prinzip (Purusha) erschafft Prakriti die Welt. Ohne Shakti ist Shiva, das Symbol für die Kraft der Kreation und gleichzeitig deren Vernichtung, so machtlos wie ein Leichnam.

Die kreative Macht und die kreierte Welt sind weder getrennt

und abgesondert, noch ist diese kreierte Welt uniform, statisch und fragmentiert. Sie ist vielfältig, dynamisch, mit allem verbunden. (...)
Die Symbolisierung der Natur als weibliche Gottheit ist gemeinsames Merkmal (fast) (...) aller indischen Religionen. Altäre, die der Natur als einer Göttin gewidmet sind, finden sich überall in Indien. (...) Im heutigen Indien hat jedes Dorf seine *gram-devatas* (Dorfgottheiten), die von allen Kasten und von allen Religionen verehrt werden, wie vor fünftausend Jahren. Der wichtige Punkt ist hier, dass sich Inderinnen und Inder trotz der grossen religiösen Vielfalt und trotz der Aufspaltung in Kasten innerhalb ihrer eigenen Kultur auf die Natur beziehen, eine Natur, die eine aktive, lebendige Kraft ist und oft als weiblich symbolisiert wird. (...)
Indiens Menschen haben seit alters erkannt, dass ihre Existenz von Wäldern abhängt. (...) In alten indischen Traditionen existierte viel wissenschaftliche Kenntnis über das Pflanzenreich. (...) Bäume galten nicht bloss als Holz; man nahm sie multifunktional wahr und schaute auf ihre Vielfalt in Form und Funktion. (...) So gibt es (im Sanskrit) eine grosse Anzahl Begriffe, um einen Baum zu bezeichnen (...):

Sanskritbegriff	*Funktionale Beschreibung*
Vraksha	Das, was geschnitten ist
Mahiruha	Das, was auf der Erde wächst
Sakhi	Das, was Äste hat
Padapa	Das, was Wasser durch die Wurzeln saugt
Taru	Das, was Menschen Kühle gibt
Agama	Das, was sich nicht bewegen kann
Palasi	Das, was Blätter hat
(...)	

Die *Caraka-Samhita,* unser wichtigster alter Text für Ayurveda (das einheimische Medizinsystem), basiert auch auf dieser Kontinuität zwischen Menschen und Natur. Die Einheit von Mensch und Natur ist eine fundamentale Annahme alter indischer Medizin. Der menschliche Körper wird als ein Mikrokosmos angesehen, der aus dem gleichen Stoff geschaffen ist

wie alles andere. (…) In einem Tantratext heisst es: ›*bramande ye gunak sauti te tisthanti Kalevare*‹ (Was immer im Universum existiert, existiert auch im Menschen). (…)
Zeitgenössische westliche Naturanschauungen enthalten die Dichotomie oder Dualität zwischen Mann und Frau, Mensch und Natur. In der indischen Kosmologie hingegen bilden Mensch und Natur (Purusha Prakriti) eine Dualität in der Einheit. Sie sind untrennbare Ergänzungen voneinander in der Natur, in der Frau, im Mann. Jede Form der Kreation enthält Zeichen dieser dialektischen Einheit, der Vielfalt innerhalb eines vereinheitlichenden Prinzips, und diese dialektische Harmonie zwischen den männlichen und weiblichen Prinzipien und zwischen Natur und Mensch wird zur Basis des ökologischen Denkens und Handelns in Indien. Weil es ontologisch keinen Dualismus zwischen Mensch und Natur gibt und weil die Natur als Prakriti das Leben erhält, wurde die Natur als integral (…) behandelt.
Prakriti ist keineswegs eine esoterische Abstraktion, sondern ein Konzept für den Alltag, welches das tägliche Leben organisiert. Als Verkörperung und Manifestation des weiblichen Prinzips wird es charakterisiert durch (a) Kreativität, Aktivität, Produktivität; (b) Vielfalt in Form und Gestalt; (c) Verbundenheit und Verwandtschaft aller Lebewesen, auch des Menschen; (d) Kontinuität zwischen dem Menschen und dem Natürlichen und (e) Heiligkeit von Leben in der Natur.
Konzeptionell unterscheidet sich dies radikal vom Cartesianischen Konzept der Natur als ›Umgebung‹ oder ›Ressource‹ (der westlichen Naturvorstellungen). Darin wird die Natur als vom Menschen getrennt angesehen: sie ist seine Umgebung, nicht seine Substanz. Der Dualismus zwischen Mensch und Natur erlaubte die Unterwerfung der letzteren durch den Menschen und ermöglichte eine neue Weltanschauung, in der die Natur folgende Eigenschaften hat: Sie ist (a) inert und passiv, (b) uniform und mechanistisch, (c) getrennt und in sich selbst fragmentiert, (d) vom Menschen getrennt und (e) minderwertig und kann folglich vom Menschen dominiert und ausgenutzt werden.«

S. 120 *Pflanzenseele und die indische Philosophie*
Die meisten Philosophen gestanden den Pflanzen keine empfindungsfähige Seele zu. Eine Ausnahme war der Philosoph Udayana aus dem zehnten Jahrhundert vor Christus. Er schrieb:

»Bäumen wohnt eine fühlende Wirkkraft inne, denn Bäume leben, sterben, schlafen und wachen auf; sie werden krank und benutzen ihre eigene Medizin zur Heilung, sie tragen Samen, spriessen; sie haben ein Gefühl für Mitglieder ihrer Gruppe, nähern sich den ihnen Wohlgesinnten und meiden solche, die sie nicht mögen.«

S. 125 *Zu Jagadish Chandra Bose:* Ingensiep (2001), Lessing (2004), Shepherd (2005)

S. 126 Bose schreibt zum Crescographen: »Es ist mir gelungen, einen Apparat zu konstruieren, mit dem das Wachstum in jedem Augenblick sichtbar gemacht werden kann. Dieser bewirkt eine 10 000fache Vergrösserung; durch ihn würde die Geschwindigkeit einer Schnecke auf die eines Expresszuges erhöht werden. Der stark vergrössernde Crescograph besteht aus einem System von zwei Hebeln. Der erste vergrössert hundertfach. Und der zweite erhöht diese Vergrösserung noch hundertmal, so dass sich eine 10 000fache Gesamtvergrösserung ergibt. Die Aufzeichnung findet auf einer berussten Glasplatte statt, die sich mit Hilfe einer Oscilliervorrichtung nach vorn und rückwärts bewegt, wobei die regelmässigen Zeitintervalle von 1–10 Sekunden variiert werden können. Die Zeichenplatte wird in gleichförmiger seitlicher Bewegung erhalten. Man bekommt so eine Wachstumskurve. Ein Reiz, der die Wachstumsgeschwindigkeit erhöht, bewirkt eine Biegung der Kurve nach aufwärts; ein hemmender Reiz hingegen macht den Verlauf der Kurve flacher« (Ingensiep, 2001, S. 562, nach Bose, *Die Pflanzen-Schrift,* 1928, S. 109f.). Mit einem ausbalancierten magnetischen System gelang es Bose, die Wirkung des Crescographen nochmals zu verstärken und Wachstumsbewegungen in zehn- bis hundertmillionenfacher Vergrösserung zu zeigen.

S. 126 In öffentlichen Vorträgen bediente sich Jagadish Chandra Bose auch einer poetischen Sprache: »(…) diese Bäume haben ein Leben wie wir (…) sie essen und wachsen (…) sie sind mit Armut, Sorgen und Leiden konfrontiert. Diese Armut (…) kann sie dazu veranlassen, zu stehlen und zu rauben (…) sie helfen einander auch, entwickeln Freundschaften, opfern ihr Leben für ihre Kinder« (Shepherd, 2005, S. 607).

S. 126 Jagadish Chandra Bose entdeckte, dass er Pflanzen mit Chloroform ebenso erfolgreich anästhesieren konnte wie Tiere. Und wenn die betäubenden Dämpfe weg waren, begannen auch die Pflanzen wieder zu leben. Auch dies war für ihn ein Hinweis auf die enge Verwandtschaft zwischen Pflanzen, Tieren und Menschen.

S. 127 V. A. Shepherd schreibt (2005): »Bose sah Pflanzen als Individuen, und er war sorgsam darauf bedacht, den Zustand und die Geschichte seiner Versuchspflanzen zu verfolgen. (...) Er betonte, dass die andauernden Umwelteinflüsse und Veränderungen nicht einfach als verwirrende Nebengeräusche betrachtet werden dürfen, wie das normalerweise bei pflanzenphysiologischen Experimenten getan wird, sondern dass diese Einflüsse wichtig sind, damit die Pflanze sich zeigen kann. Bose schreibt: ›(...) Eine Pflanze, die sorgfältig unter Glas vor allen Schocks von aussen geschützt wird, sieht geschmeidig und blühend aus, doch es stellt sich heraus, dass ihre höheren nervösen Funktionen atrophiert sind. Doch wenn einige Erschütterungen auf dieses kraftlose und aufgedunsene Gewächs niederprasseln, eröffnen die Schocks selbst nervöse Kanäle und erwecken die verfallene Natur von neuem.‹«

»Man könnte sagen, dass die standardisierten Bedingungen vieler pflanzenphysiologischer Experimente, mit konstanten Lichtperioden, konstanter Temperatur, gleichmässigem Bewässern etc., wahrscheinlich diese kraftlosen und aufgedunsenen Gewächse produzieren, die Bose beklagt. Dazu kommt, dass der normale Prozess der statistischen Analyse jede Individualität, die Bose als so wichtig erachtete, ausbügelt.«

S. 127 Hans Werner Ingensiep schreibt zu Bose (2001, S. 568): »Inwieweit kommt nun der Pflanze auch ein psychisches Innenleben zu? Nahezu alle erwähnten Experimente und Äusserungen Boses bezogen sich auf potentiell objektivierbare physikalisch-chemische Veränderungen in Pflanzen, dokumentiert in Reaktionskurven. Wenn also von ›Antworten‹, ›Empfindungen‹, ›Wahrnehmungen‹ oder ›Erregungen‹ bei Pflanzen die Rede war, so verband Bose damit einen bestimmten Lebensbegriff auf physikalischer Grundlage, der allerdings im Hinblick auf die Pflanze im Gegensatz zur herrschenden Pflanzenphysiologie stand. Die lebende Pflanze erscheint als eine Art extern erregbarer, autonomer Pulsator.«

S. 127 Nach einem Vortrag von Jagadish Chandra Bose in London im

Jahre 1914 war der Vegetarier George Bernard Shaw »ganz unglücklich, als er sah, wie ein Stückchen Kohl in heftige Zukkungen geriet, als es zu Tode gebrüht wurde« (Ingensiep, 2001, S. 571, nach Geddes, *Leben und Werk von Sir Jagadis C. Bose,* 1930).

S. 127 Bose war in der westlichen Wissenschaft umstritten, aber seine »Apparate beeindruckten die Öffentlichkeit wie auch anerkannte Wissenschaftler, wie ein Bericht in *Nature* vom 6. Mai 1920 über eine Vorführung seines Crescographen belegt: ›(...) (Mehrere bekannte Wissenschaftler; F. K.) erklären: ‚Wir haben uns überzeugt, dass das Instrument das Wachstum der Pflanzengewebe genau verzeichnet, und zwar in ein- bis zehnmillionenfacher Vergrösserung.' (...)‹ (nach Geddes, 1930, S. 259f.). Nichtsdestoweniger ergaben Nachprüfungen durch englische Physiologen in den zwanziger Jahren negative Resultate« (Ingensiep, 2001, S. 572).

Es kam zur Generalabrechnung mit dem indischen Physiker. Bose wurde in die Nähe der Esoterik gestellt. Damit war er in westlichen Fachkreisen erledigt.

S. 127 *Zitat von Bose:* Ingensiep, 2001, S. 560, nach Geddes, 1930, S. 114

Wie den Pflanzen die Seele abhanden kam

S. 130 Ingensiep schreibt (2001, S. 620): »(...) aus der Mannigfaltigkeit der Vorstellungen von der Pflanzenseele (lässt sich) das je eigene Selbstverständnis als Mensch herauslesen. In diesem Sinne ist sie Anthropomorphologie und eine Antwortgeschichte auf die Kernfrage der philosophischen Anthropologie ›Was ist der Mensch?‹. Dieses phytopsychisch zurückgespiegelte Menschenbild kann, muss aber nicht mit dem jeweiligen Naturverständnis korrespondieren.«

S. 130 *Zu Platon (427–347 v. Chr.)*

Ingensiep schreibt (2001, S. 27): Platons Dreigliederung der menschlichen Seele umfasst: »1. die vernünftig denkende Seele, das Vernünftige (...), 2. das Zornmütig-Leidenschaftliche (...) und 3. das Begehrende (...).«

»Pflanzen ist der dritte Seelenteil des Begehrens, welcher bei Menschen im Bauche lokalisiert wird, eigen. Wichtig ist, dass mit den angenehmen und schmerzlichen Empfindungen eine

Begierde verbunden ist. (...) Pflanzen haben daher ein seelisches Empfindungsleben, welches sich nach Platon nicht in Vernunft und Überlegung wie beim Menschen, sondern in ›mit Begierde verbundenen angenehmen und schmerzlichen Empfindungen‹ artikuliert (...)« (Ingensiep, 2001, S. 30).

»Gerade ihr innerseelisches Empfindungsleben verbürgt die Zugehörigkeit der Pflanzen zu den Lebewesen und damit auch die Nähe zur menschlichen Natur. (...) Die Pflanze ist ein echtes Lebewesen, weil sie empfindet; die Vorstellung eines empfindungslosen vegetativen Lebensprinzips in der Pflanze liegt Platon fern« (Ingensiep, 2001, S. 31).

S. 131 *Zu Aristoteles (384–322 v. Chr.)*

Aristoteles zur Seele (allgemein)

Ingensiep schreibt (2001, S. 39): »Aristoteles definiert die Seele in allgemeinster Form in *De anima* als ›erste Entelechie eines natürlichen organischen Körpers‹. *Psyche* ist das Prinzip der Lebewesen, das Leben als Selbstbewegung ermöglicht und sich in einem natürlichen Körper verwirklicht, der mit passenden Werkzeugen, den Organen, ausgestattet ist. Sie selbst ist kein lebendiger Körper, sondern formt den Stoff für einen solchen (...). Als finale unkörperliche Gestaltungskraft alles Lebendigen ist sie im Gestaltungsprozess untrennbar mit dem Körper vereint und sterblich. Die Seele ist bewegende Ursache des organischen Körpers, gibt ihm Form und ist Zweck des leiblichen Geschehens, ›sie ist die im Leibe wirkende Kraft, der Leib das natürliche Werkzeug der Seele‹. (...) Das Besondere seines Seelenbegriffs ist, dass er vorrangig unter dem Aspekt des Lebens statt – wie vor allem in der Neuzeit – unter dem des Bewusstseins bestimmt wird, wodurch aber auch im Rückblick auf die platonische Pflanzenseele eine ›gewisse Spannung‹ sichtbar wird.«

Aristoteles zur Seele der Pflanze

»In der Aktivität der *psyché threptiké* äussert sich der niedrigste Seelenteil als treibende Grundkraft des Lebendigen auf unterster Stufe: als ernährende Kraft, die als erste und allgemeinste Fähigkeit der Seele anzusehen ist und damit als Grundlage des Lebens schlechthin. Als ›Nährseele‹ ermöglicht sie die Verdauung der Nahrung und eröffnet so die Möglichkeit der Erhaltung, des Wachstums und der Fortpflanzung alles Lebendigen« (Ingensiep, 2001, S. 40).

S. 133 *Der Stoiker Cicero (106–43 v. Chr.)*

Gemäss stoischer Lehre herrscht der Mensch dank seiner ihm von der Natur gegebenen Vernunft über die natürliche Mitwelt. So schrieb der Stoiker Cicero: »Wir fällen die Bäume und verwenden das Holz, das aufgeforstete wie das wild gewachsene, teils um uns am Feuer zu wärmen und um unsre Speisen garzukochen, teils um zu bauen, damit wir, von Häusern umhegt, Kälte und Hitze fernhalten. (...)

Auch alle Vorteile des Landes macht der Mensch sich untertan. Wir haben den Niessnutz von Feld und Berg, unser sind die Flüsse, unser die Seen; wir säen die Feldfrüchte, pflanzen die Bäume (...). Mit einem Worte: mit unsren Händen versuchen wir in der Allnatur eine zweite Natur zu schaffen« (Ingensiep, 2001, S. 80, nach Cic., *nat. deor.* 2,152f.).

S. 133 *Zum Mittelalter*

Mittelalterliche Vorstellungen zur Pflanzenseele fielen recht heterogen aus. Einige wichtige Vordenker waren: Aurelius Augustinus (354–430), Johannes Scotus Eriugena (810–877), Hildegard von Bingen (1098–1179), Albert der Grosse (um 1200–1280) und Thomas von Aquin (um 1225–1274) (Ingensiep, 2001, S. 105f.).

S. 133 *Zu René Descartes (1596–1650)*

Ingensiep schreibt (2001, S. 220): »In seiner gründlichsten naturphilosophischen Ausführung, in den *Prinzipien der Philosophie* (1644), finden sich einige aufschlussreiche Bemerkungen über Pflanzen. Für Descartes sind die Gesetze der Mechanik die Gesetze der Physik, ›und es ist daher der aus diesen und jenen Rädern zusammengesetzten Uhr ebenso natürlich, die Stunden anzuzeigen, als es dem aus diesem oder jenem Samen aufgewachsenen Baum natürlich ist, diese Früchte zu tragen‹. Wachstum ist für Descartes ein Vorgang, bei welchem derart kleine Teilchen zu einem Naturkörper hinzutreten, dass sie durch die Sinne nicht wahrgenommen werden können.«

»Der radikale Abschluss (der Aristotelischen Pflanzenseele; F. K.) erfolgt bei Descartes, dessen Kritik der okkulten Qualitäten zur Abschaffung einer jeglichen Pflanzenseele und zur Automatisierung des Lebens führt. Pflanzen werden nun anschauliche Prototypen dieser Lebensautomaten – als stoffwechselnde hydromechanische Automaten, deren Eigenschaften durch die

Disposition von Korpuskeln erklärt werden. Daher verwundert es nicht, wenn bald nicht nur die Pflanzen chemische Laboratorien werden, sondern auch der Mensch nichts anderes als eine Pflanze oder eine Maschine ist, wie bei dem Materialisten La Mettrie« (Ingensiep, 2001, S. 625).

S. 134 *Zur Mimose*

Im Jahr 1578 veröffentlichte der portugiesische Arzt und Naturhistoriker Cristóbal Acosta (1515–1594) als erster eine Beschreibung der »Sinnpflanze« *Mimosa pudica* und ihrer Reaktionen. Viel später, im Jahr 1661, beauftragte die berühmte Royal Society ein Komitee bekannter Forscher (Boyle, Clarke, Goddard und Wilkins) mit der Untersuchung der Mimose (Ingensiep, 2001, S. 215ff.).

S. 135 *Zu Carl von Linné (1707–1778)*

Der grosse Botaniker Linné entwickelte ein Klassifikationssystem für Pflanzen, mit dem er eine neue Ordnung schuf. Bei seinen Beschreibungen geht er über das mechanistische Pflanzenbild hinaus. Die Sexualität der Pflanzen spielt eine grosse Rolle. Hans Werner Ingensiep schreibt (2001, S. 263): »Linné will nicht primär die Pflanze als solche, sondern sie vor allem in bezug auf ihr Sexualleben tierähnlicher machen. Daher werden die Zeugungsorgane und Zeugungsvorgänge bei Pflanzen mit entsprechenden animalischen Termini belegt und die sexuelle Prüderie mit Hilfe der spezifischen Schönheit der Pflanzen unterwandert.«

Linné, schreibt Hans Werner Ingensiep weiter, »macht sich eine erotisierende, anthropomorphe Seelensprache über pflanzliche Sexualität zu eigen und wagt in seiner *Politia Naturae* (1760) sogar, bei den ›eigentlichen‹ Bewohnern der Erde neben Schlaf und Freude auch ›eine Art Begehren‹ zu vermuten«.

S. 135 *Zu Gustav Theodor Fechner (1801–1887)*

Fechner schreibt: »Wird nun gefragt: hat eine Pflanze Seele, so heisst dies: erscheint zu dem, was äusserlich von ihr zu erblicken und was ihr Körper heisst, zu dem, was der Botaniker Pflanze nennt und mit äusseren Sinnen und Hilfsmitteln untersucht, auch etwas innerlich in Form von Empfindung, Gefühl und sonst dergleichen, wovon der Botaniker nichts sieht noch aus allem Geschehenen abstrahieren kann, was eben nur in Selbsterscheinung erfasslich und ähnlich in eine Einheit verknüpft ist, als alle Bestimmungen unserer eigenen, sich selbst erscheinenden Seele? Mit andern Worten: gibt's in der Pflanze eine innere Helligkeit zur äusseren, in der ihr Körper uns erscheint?« (Ingensiep, 2001, S. 368, nach Fechner, *Über die Seelenfrage,* 1861/1907, S. 10).

S. 135 Fechner zur Nervenfrage

Dass Pflanzen keine Nerven haben, beweise nicht die Absenz von Empfindungen. Fechner schreibt: »Der Leib ist sozusagen eine Violine, die das innere Spiel ihrer Saiten selbst fühlt. Nun aber, wenn ich sehe, dass die Flöte doch wirklich, trotz meines schönen Schlusses, Töne gibt, objektiv Empfindungen erzeugt, ohne Saiten zu haben, so weiss ich nicht, warum nicht auch die Pflanze subjektiv Empfindungen soll erzeugen können, ohne Nerven zu haben. Die Tiere könnten ja eben die Saiten-Instrumente, die Pflanzen Flöten-Instrumente der Empfindung sein. Dann würden freilich auch beider Empfindungen sich eben so subjektiv unterscheiden müssen, wie die Empfindungen, welche Saiten- und Blas-Instrumente hervorbringen, sich objektiv unterscheiden; aber es könnten doch in beiden gleich laute und gleich melodisch oder harmonisch zu psychischer Einheit verknüpfte Empfindungen sein« (Ingensiep, 2001, S. 375f., nach Fechner, *Nanna,* 1848/1908, S. 28).

S. 135 Fechner wehrt sich dagegen, dass die Aristotelische Seelenordnung zugleich eine Gesellschafts- und eine Fressordung darstelle, worin die »niedrige Pflanze« bloss Werkzeug für die »höheren Menschen« sei: »Die Pflanzen dienen Menschen und Tieren; umgekehrt aber haben die Menschen und Tiere den Pflanzen zu dienen; und machte jenes die Pflanzen seelenlos, müsste dieses auch Menschen und Tiere seelenlos machen« (Ingensiep, 2001, S. 398, nach Fechner, *Nanna,* 1848/1908, S. 154).

S. 136 *Zur Pflanzenpsychologie*

Ingensiep schreibt (2001, S. 479), der Zoologe August Pauly habe die Grundlagen, Umrisse und den Namen für das neue Forschungsprogramm einer »Pflanzenpsychologie« geliefert, während die inhaltliche Ausführung und Weiterentwicklung den Botanikern Raoul Francé und Adolf Wagner oblag. Sie hätten die Pflanzenseele biophilosophisch eingebettet.

S. 136 *Zur Pflanzenseele im zwanzigsten Jahrhundert*

Ingensiep schreibt (2001, S. 626f.): »Wir erwähnten die Perspektive der Siegergeschichte (...) in der Pflanzengenetik des 20. Jahrhunderts, deren molekulare Basis, die DNS, die letzten Seelenfunktionen der *anima vegetativa* beerbt. Darwins natürliche Selektion löst den teleologischen Lebensbegriff vollends ab, so dass ein Evolutionsbiologe des 20. Jahrhunderts, Ernst Mayr, behaupten kann, dass die aristotelische Entelechie (...) nun als ›genetisches Programm‹ zu verstehen und die DNS ihr molekularer Träger sei. Damit wird nur noch deutlicher, dass am Ende dieser Entwicklung für eine allgemeine entelechiale Formseele oder besondere Empfindungsseele im vegetativen Leben kein Raum mehr ist. Alle Versuche exzentrischer Wissenschaftler oder Laien im 20. Jahrhundert, wie Bose oder Backster, der Pflanze erneut irgendeine Art von Seele und damit ein menschenförmiges oder spirituelles Leben einzuhauchen, sind gescheitert. Im Leben der Pflanze konnte die Seele weder als autonomes Bewegungs- oder Gestaltprinzip noch als autonomes Bewusstseinsprinzip bewahrt werden. Dafür entziehen ihr Pflanzenphysiologie und Evolutionsbiologie die Basis.«

S. 137 *Zum Buch* Das geheime Leben der Pflanzen*:* s. S. 78

S. 137 Ingensiep schreibt zur Frage, ob Pflanzen eine Seele haben (2001, S. 634f.): »Moderne Fragesteller haben wohl weder die Seelenwanderungslehre nach Empedokles noch das vegetative Lebensprinzip des Aristoteles im Sinn. Ist dann die neuzeitliche cartesianische *res cogitans,* eine Monadenseele gemäss Leibniz oder eine Seele im Sinne des psychophysischen Parallelismus Fechners gemeint? Eigentlich will man nur wissen: Haben Pflanzen ein individuelles Empfindungsleben? Dann wäre zu klären, was Empfindung ist und welche besondere Ausprägung vorliegt, ein Begehren oder ein passives Empfinden wie bei Platon, ein erotisches Gefühl bei Fortpflanzungsvorgängen wie im 18. Jahrhundert, ein Instinkt oder bloss ein tastendes Gefühl bei der Nahrungssuche, wie manche im 19. Jahrhundert meinten? Endlich wird die Frage minimalisiert und auf das niederste Sinnesvermögen, irgendeine Art von Tastvermögen, bezogen. (...)

Meine Antwort erwächst aus der Reflexion auf die Ideengeschichte. Die Siegergeschichte der neuzeitlichen Philosophie hat gezeigt, dass sich die Menschenseele aus der Natur herausreflektiert hat, sei es als *res cogitans* bei Descartes, als reines Vernunftwesen bei Kant oder als Geist bei Hegel. Mit dem Aufstieg der Naturwissenschaft und der Emanzipation der Ethik von der Theologie und Naturphilosophie sind zunächst die subhumanen Seelen geopfert worden – zuvorderst die Tier- und Pflanzenseelen.«

S. 137 Ein Indiz dafür, dass Pflanzen heute im allgemeinen als nicht empfindungsfähig gelten, klinge auch im Ausdruck »empfindungsloses Dahinvegetieren« oder im medizinischen Terminus *vegetative state* für den Zustand bestimmter geistig schwerstbehinderter Menschen an, bemerkt Hans Werner Ingensiep.

Mehr als die Summe ihrer Gene

S. 143 *Zu Fiorina und der Getreidezüchtung*

Die Weizensorte Fiorina wurde von Cécile Brabant an der Forschungsanstalt Agroscope Changins-Wädenswil ACW gezüchtet.

S. 144 *Freisetzungsversuche mit genmanipuliertem Weizen*

Der gentechnisch veränderte Weizen enthält im Erbgut ein fremdes Genkonstrukt, das die Bauanleitung für Chitinase und Glucanase enthält. Diese beiden Eiweisse bauen Chitin und Glucan ab – Stoffe, die in den Zellwänden von Pilzen und anderen Lebewesen vorkommen. Daneben werden noch andere genveränderte Weizenpflanzen freigesetzt.

Die von der ETH Zürich durchgeführten Experimente sind seit Jahren die ersten Freisetzungsversuche mit genmanipulierten Pflanzen in der Schweiz – aus unserer Sicht sind es wissenschaftlich fragwürdige, risikobehaftete und überstürzte Experimente. Weltweit gibt es noch keine einzige kommerzielle Freisetzung mit genmanipuliertem Weizen.

Sie sind wissenschaftlich fragwürdig: Die Weizensorte Fiorina besitzt eine ausgezeichnete Mehltauresistenz. Diese beruht auf mehreren Genen und kann deshalb vom aggressiven Mehltauerreger nicht leicht überwunden werden. Sie ist bereits auf dem Markt und sehr beliebt. Ob hingegen der genmanipulierte Weizen je eine genügende Resistenz haben wird, steht selbst nach Aussagen der Forschenden noch in den Sternen. Seine Resistenz beruht nur auf einem einzigen fremden Gen – da ist die Chance gross, dass sich der Mehltaupilz anpassen kann. Zudem sind in der Schweiz Pilzerkrankungen bei Weizen nur dort ein

Problem, wo mit intensiven Anbaumethoden gearbeitet wird (hoher Dünger- und Spritzmitteleinsatz).

Sie sind risikobehaftet: Wie wirken sich die Pilzgifte der genmanipulierten Pflanzen auf die nützlichen Pilze in der Wurzelregion, die sogenannten Mykorrhizen, aus? Diese Pilze sind für viele Pflanzen überlebenswichtig und versorgen sie mit wichtigen Nährstoffen. Werden auch sie zerstört? Welche Auswirkungen haben die manipulierten Pflanzen auf andere nützliche Insekten, können Samen und Pollen Nachbarfelder kontaminieren? Viele Risikountersuchungen hätten in geschlossenen Räumen und in Gewächshäusern durchgeführt werden können, ohne damit bereits auf das freie Feld zu gehen. So verlangt es auch das Schweizer Gentechnikgesetz.

Die Experimente sind überstürzt: Die Schweizer Bevölkerung hatte 2005 mit grossem Mehr unserem Volksbegehren zugestimmt, das ein fünfjähriges Moratorium für kommerzielle Freisetzungen genmanipulierter Pflanzen verlangte. Kleine Experimente im Freiland blieben ausdrücklich erlaubt. Es macht den Anschein, als ob die ETH mit ihren genveränderten Pflanzen unbedingt auf das Feld wollte, auch mit mangelhaften und unausgereiften Experimenten. Es sollte eine politische Bresche geschlagen werden.

S. 144 *Zu Risiken genveränderter Pflanzen:* Mertens (2008), Pryme und Lembcke (2003), Smith (2007)

S. 145 *Züchtung ohne Herstellung transgener Pflanzen*

Das grosse molekularbiologische Wissen wird heute auch in der klassischen Züchtung genutzt, zum Beispiel beim *smart breeding*: Hierbei suchen Forschende mit Gensonden im Erbgut einer Pflanze nach ganzen Genkomplexen, die mit bestimmten Resistenzeigenschaften verbunden sind. Pflanzen mit den gesuchten Genkomplexen werden gezielt in der Züchtung eingesetzt. Das ist vielversprechender, als einzelne Gene zu manipulieren, weil die meisten Resistenzeigenschaften von einer Vielzahl von Genen beeinflusst werden. Und die Risiken genmanipulierter Pflanzen fallen aus.

S. 145 Der Widerstand gegen die Freisetzung gentechnisch veränderter Pflanzen ist keine Schweizer Spezialität: 2008 gibt es in Europa 44 Regierungsbezirke, 232 Regionen und über 4000 Gemeinden, die sich als gentechnikfrei erklärt haben.

S. 146 Peter Kunz züchtet seit 1984 in Hombrechtikon (Kanton Zürich) neue Weizen-, Dinkel-, Triticale-, Emmer- und Maissorten für den ökologischen Landbau. Er konnte in den letzten zehn Jahren zehn Weizen- und fünf Dinkelsorten in den Nationalen Sortenkatalog der Schweiz eintragen lassen. Weitere Neuzüchtungen sind in der Prüfung.

S. 147 *Zur Würde der Kreatur bei Pflanzen:* s.a. Sitter-Liver (2008)

I. Die Würde der Pflanze – rechtlich

Artikel 120 der Schweizer Bundesverfassung betrifft die Gentechnologie im Ausserhumanbereich. Er lautet:

»1. Der Mensch und seine Umwelt sind vor Missbräuchen der Gentechnologie geschützt.

2. Der Bund erlässt Vorschriften über den Umgang mit Keim- und Erbgut von Tieren, Pflanzen und anderen Organismen. Er trägt dabei der Würde der Kreatur sowie der Sicherheit von Mensch, Tier und Umwelt Rechnung und schützt die genetische Vielfalt der Tier- und Pflanzenarten.«

Der Artikel 120 wurde im Mai 1992 von der Schweizer Bevölkerung in einer Abstimmung gutgeheissen.

Dieser Verfassungsartikel wurde 2003 in bezug auf die Gentechnologie mit einem Gesetz konkretisiert.

Artikel 8 Absatz 1 des Ende 2003 von den eidgenössischen Räten verabschiedeten Bundesgesetzes über die Gentechnik im Ausserhumanbereich lautet:

»1. Bei Tieren und Pflanzen darf durch gentechnische Veränderungen des Erbmaterials die Würde der Kreatur nicht missachtet werden. Diese wird namentlich missachtet, wenn artspezifische Eigenschaften, Funktionen oder Lebensweisen erheblich beeinträchtigt werden und dies nicht durch überwiegende schutzwürdige Interessen gerechtfertigt ist. Bei der Bewertung der Beeinträchtigung ist dem Unterschied zwischen Tieren und Pflanzen Rechnung zu tragen.«

S. 148 II. Die Ethikkommission EKAH
und ihr Bericht *Die Würde der Kreatur bei Pflanzen*

Im Frühjahr 2004 wandten sich die verantwortlichen Bundesbehörden an die EKAH. Sie wünschten von uns eine vertiefte Analyse zur Würde der Kreatur bei Pflanzen.

In der Ethikkommission versuchten wir zuerst – nach Anhörung verschiedener Experten und Expertinnen aus Naturwis-

senschaft und Philosophie – der Thematik anhand konkreter Beispiele näherzukommen. Wodurch wird eine Pflanze in ihrer Würde verletzt? Indem man einen Rosenstock mutwillig verdorren lässt oder am Wegrand grundlos Blumen köpft, befanden die einen. Ich selbst dachte viel eher an die massenhafte und vollständige Instrumentalisierung von Pflanzen.
Es zeigte sich bald, dass uns dieser Weg in der Kommission nicht weiterführte. Wir konnten uns nicht auf unsere Intuitionen verlassen – zu unterschiedlich waren die Meinungen innerhalb der Kommission.
Um weiterzukommen, entschieden wir uns für ein theoretisches Vorgehen: Mit Hilfe eines sogenannten Entscheidungsbaumes sollten die Grundsatzpositionen im Hinblick auf den Umgang mit Pflanzen geklärt werden. Zuerst versuchten wir herauszufinden, aus welchen ethischen Positionen heraus der Pflanze Würde zugeschrieben und sie in ihrem Eigensein respektiert werden kann: Aus theozentristischer Sicht zählen alle Lebewesen kraft ihrer Beziehung zu Gott und sind entsprechend zu respektieren. Nach der Lehre des Biozentrismus sind Lebewesen moralisch um ihrer selbst willen zu berücksichtigen, weil sie leben. Ein pathozentristischer Ansatz berücksichtigt Lebewesen moralisch nur dann, wenn sie empfindungsfähig sind und etwas in irgendeiner Form als gut oder schlecht erfahren können.
Wie aber sollten wir vorgehen, wenn wir nicht wissen, ob Pflanzen Empfindungen haben oder allenfalls Schmerzen spüren? Die Mehrheit der Kommission schloss zumindest nicht aus, dass Pflanzen empfindungsfähig sind. Und sie erachtete die Tatsache, dass wir es nicht wissen können, als moralisch relevant. Eine Kommissionsminderheit hingegen schloss die Möglichkeit einer Empfindungsfähigkeit von Pflanzen aus, weil es aus ihrer Sicht keine guten Gründe für eine solche Annahme gibt.
Der Bericht der EKAH schliesst mit sieben Schlussfolgerungen. Wer darin konkrete Handlungsanweisungen sucht, sieht sich enttäuscht. Dazu war das Meinungsspektrum innerhalb der Kommission zu gross. So waren wir uns alle einig, dass eine mutwillige Schädigung von Pflanzen moralisch unzulässig ist. Nur: Was mutwillig bedeutet, darüber gingen die Meinungen auseinander. Von den sieben Punkten ist vielleicht der fünfte

der wichtigste: Eine gentechnische Veränderung von Pflanzen stehe der Idee der Würde nicht entgegen, »solange ihre Eigenständigkeit, d.h. ihre Fortpflanzungsfähigkeit und Anpassungsfähigkeit gewährleistet ist«.

Im Bericht *Die Würde der Kreatur bei Pflanzen* werden die ethischen Grundlagen ausgelegt. Die konkrete Ausformulierung muss erst noch geleistet werden. Bericht erhältlich unter www.ekah.ch.

S. 148 Eine repräsentative Umfrage in Deutschland zeigte, dass viele Menschen eine enge Beziehung zu Pflanzen haben. Sie ergab: Etwa 50 Prozent der Befragten meinten, dass Pflanzen Gefühle haben. Etwa ein Drittel der Befragten gaben an, regelmässig mit ihren Pflanzen zu reden (Zeit Wissen, 2005).

Pflanzen neu entdecken – Rheinauer Thesen zu Rechten von Pflanzen

S. 150 und S. 159 Zur These 10: »Pflanzen erleben die Welt auf ihre eigene Art. Sie haben ein Eigensein. Sie leben als ein Selbst. Dieses Selbst ist für uns schwer verständlich. Dennoch erfahren wir, dass es existiert. Wenn Pflanzen als gänzlich verfügbare Objekte betrachtet und behandelt werden, so wird man ihnen damit nicht gerecht.«

Prof. Dr. Dr. Dr. h.c. Günter Altner, Biologe und Theologe, schreibt (persönl. Mitteilung, 2008): »Wenn man die Pflanze als Subjekt neu entdecken und denken will, darf man nicht psychologisieren und spekulieren, man muss unter Absehung von menschlichen Gefühlen die Pflanzen unvoreingenommenliebevoll, neugierig-erwartungsvoll zur Kenntnis nehmen: ihre besondere Struktur (Morphologie), ihre Physiologie, ihre Energetik, ihre Genetik, ihre Schönheit und Harmonie in Massen, ihr Wachstum, ihre Fruchtbarkeit und spezielle Sexualität, ihre Resistenzfähigkeit ...

Im Sinne des Projekts ›Pflanzen neu entdecken‹ ist insbesondere auf:

– die inneren Aktionspotentiale und Zell-zu-Zell-Kommunikationen,
– die symbiotischen und schädigenden Bezogenheiten zwischen Pflanzen und Tieren,
– die Wechselwirkungen zwischen Pflanze und Umwelt,
– die gegenseitige Bezogenheit von Pflanzen und Menschen

zu achten.

Wenn man diese Kommunikationen unter der Voraussetzung von Jakob und Thure von Uexhüll und ihrer Informations- und Subjekttheorie betrachtet, erscheinen die Pflanzen neben Tieren und Mikroorganismen als unverwechselbare ›Selbste‹ mit
– Selbstorganisation,
– Selbstbewegung,
– Selbstverwandlung,
– Selbstvernetzung …
Bei der Frage nach dem Selbst der Pflanzen ist es entscheidend, nicht nach einer zusätzlichen Instanz innerhalb oder oberhalb zu suchen, die hinzugedacht werden müsste. Es geht vielmehr um das unverwechselbare Selbst der Pflanzen in ihrem Dasein und Sosein. Die Subjektivität der Pflanzen ist mit ihrer physischen Existenz untrennbar verbunden. Sie findet in der physischen Existenz und Vorfindlichkeit ihren ›Ausdruck‹.
Wer sich in die Vielfalt der Pflanzen einzuleben vermag, der begegnet ihren Selbsten und fühlt sich ihnen verbunden. Eine Konzentration auf molekularbiologische Details genügt da nicht. Das führt in die Manipulation und in die Monotonisierung. Man muss die Pflanzen in ihrer Vielfalt kennen und nennen, um sich ihrer Subjektivität versichern zu können.«
Zu These 10: Was ist eine Pflanze, was heisst Leben?
Die Frage, ob eine Pflanze als ein Selbst lebt, führt uns zu grundsätzlichen Überlegungen dazu, was Leben ist – Fragen, die wohl nie abschliessend beantwortet werden können, da sie eine Vielfalt an Interpretationen zulassen, die jeweils stark von gesellschaftlichen Interessen mitgeprägt werden.
Die verschiedenen Lebensinterpretationen in der abendländischen Geschichte verfolgt der an der Universität Basel lehrende Philosoph Andreas Brenner in seinem Buch *Leben. Eine philosophische Untersuchung* (2007). Es waren – und sind – zwei Hauptstränge, die unsere Vorstellungen über das Wesen des Lebens enthalten: Auf der einen Seite finden sich mechanistisch-funktionale Modelle. Dabei erscheint Leben als eine Art Maschine, deren Wesen grundsätzlich verstanden werden kann, wenn erst einmal die wissenschaftlichen Instrumente zur exakten Untersuchung vorhanden sind. Descartes' Materialismus, die Anfänge der Gentechnik oder die Synthetische Biologie sind Beispiele dafür.

Auf der anderen Seite stehen holistische Lebenstheorien, die davon ausgehen, dass allem Leben im Kern ein nicht erklärbares »Geheimnis« innewohnt. So gehen die meisten im zwanzigsten Jahrhundert entstandenen Lebenstheorien von dieser Prämisse aus. Viele beziehen sich dabei auf die Theorie der Autopoiesis, die in den sechziger Jahren von Humberto Maturana entwickelt wurde. *Auto* heisst auf griechisch selbst und *poiein* machen: Leben mache sich selbst, so Maturana. Leben habe die Kompetenz, sich selbst zu organisieren und zu entwerfen. Voraussetzung sei eine permanente Interaktion mit der Umgebung. Leben sei ein Prozess aus Kommunikation und Kognition. Der Theorie der Autopoiesis zufolge hat ein lebendiges System ein Selbst. Es könne nicht hergestellt werden, weil es sich selbst herstelle. Was Leben sei, versperre sich daher einer Analyse »von aussen«.

Auch die Lebenstheorien Holismus, Kybernetik, Synergetik oder Emergenz gehen von einem »Geheimnis« oder einer »Emergenz« aus. Eine der letzten – und für mich interessantesten – ist die Biosemiotik. Ein Lebewesen – also auch eine Pflanze – wird als ein bedeutunggenerierendes System verstanden. Es hat ein Selbst. Es ist auf Kommunikation angewiesen.

S. 150 und S. 161 Zur These 21: »Welche Beziehungen wir mit Pflanzen eingehen, hat Bedeutung für unsere eigene Lebensweise. Wie wir mit Pflanzen umgehen, reflektiert unseren Umgang mit anderen Lebewesen und mit uns selbst. Der Wert, den wir Pflanzen zuweisen, hängt mit unserem Selbstentwurf zusammen.«

Günter Altner sagt (Einführungsreferat am Workshop »Pflanzen neu entdecken« im Rahmen des Weltkongresses Planet Diversity in Bonn, Mai 2008): »Ich beziehe mich auf These 21. Die Beantwortung der Frage, was die Pflanzen für uns bedeuten, hängt davon ab, von welchem Selbstverständnis her die Begegnung mit Pflanzen stattfindet, ob wir uns unter dem Vorzeichen einer Religion nähern oder unter dem Vorzeichen der Philosophie oder der Wissenschaft oder der Kunst, wie dies in These 27 formuliert wird. Die Frage, die sich stellt, ist: Berühren sich diese verschiedenen Sichtweisen, überschneiden sie sich, oder gibt es da so etwas wie eine Gemeinsamkeit, die bei der Auseinandersetzung mit der Molekulargenetik und Gentechnik in die öffentliche Diskussion gebracht werden könnte?

Die Visionen und die gefühlsmässigen Annäherungen an Pflanzen sind in der Tat sehr verschieden. Ich will mit vier Beispielen zeigen, wie schwierig es ist, zu einer gemeinsamen Sicht zu kommen.

Zuerst möchte ich unterstreichen: In unserer Sprache spiegelt sich ganz allgemein das, was eine Pflanze ist, oder das, was wir an den Pflanzen als ähnlich oder verwandt oder fremd empfinden. Sprache ist korrelativ. Es gibt keine Beschreibung und Charakterisierung der Pflanzen an und für sich. Sie ist immer von unserer Empfindung und von unserem Verständnis geprägt. In unserer Sprache geht immer etwas vom Wesen der Dinge (belebt und unbelebt) ein. Die Sprache der Dinge verbindet sich mit unserer Sprache.

Als erstes Beispiel bringe ich den Zenmeister Teitaro Suzuki zu Wort, der sagt: ›Die Blume kennen heisst zur Blume werden, die Blume sein, als Blume blühen und sich an Sonne und Regen erfreuen. Wenn ich das tue, dann spricht die Pflanze zu mir, und ich kenne ihre Geheimnisse, ihre Freuden, ihre Leiden, das heisst ihr ganzes Leben, welches in ihr pulsiert.‹ Er schliesst daraus: ›dann kenne ich mein eigenes Ich. Indem ich die Pflanze kenne, erkenne ich mich selbst. Wenn ich die Pflanze verliere, verliere ich auch mein eigenes Selbst, so wie ich das der Pflanze verloren habe.‹ Das ist auf den ersten Blick nichts für die praktische Anwendung. Man muss jetzt darüber reden, was der Zenmeister von der Blume erfahren hat, was er von sich erfahren hat. Im Grunde genommen führt das zur Psychoanalyse. Die Pflanze wird zum Medium meiner Selbsterfahrung.

Als zweites Beispiel wähle ich Albert Schweitzer und sein Gebot zur Ehrfurcht vor dem Leben. Er formuliert dieses Gebot mit einem Satz, der ganz einfach erscheint: ›Ich bin Leben, das leben will, inmitten von Leben, das leben will.‹ Da ist kein ›du sollst‹ und ›du musst‹, sondern ein zweigipfliger indikativischer Satz. Albert Schweitzer hat dieses Gebot in Konfrontation gegen René Descartes und seinen Erkenntnisdualismus, der den Mensch ins Gegenüber zur Natur stellt, propagiert. Wenn man sich fragt, was da bei Albert Schweitzer passiert ist, könnte man sagen: Das Leben wird als geschenkt erfahren, und diese Berührung öffnet den Menschen hin zu Mitmenschen und zur Mitkreatur in der Gestalt von Miterleben, Mitleiden und Teilhabe.

Schweitzer geht davon aus, dass alles Leben ohne Unterschied einen Wert hat, der sich bei dieser Erfahrung eröffnet. Was das dann für die Praxis heisst, hat er so formuliert: ›In keiner Weise erlaubt die Ehrfurcht vor dem Leben dem einzelnen, das Interesse an der Welt aufzugeben, also sich in sich zurückzuziehen; die Ehrfurcht zwingt ihn, mit allem Leben um ihn herum beschäftigt zu sein und sich verantwortlich zu fühlen. Die Beschäftigung mit dem Leben läuft darauf hinaus, dass wir seine Existenz als solche erhalten, fördern und auf seinen höchsten Wert bringen.‹ Das ist schon mehr Anleitung als bei Suzuki; es gestattet auch Veränderung und Züchtung. Auf jeden Fall ist die Pflanze ›Mitleben‹, das unsere ganze Achtung erfordert.

Ein dritter Entwurf ist die Methode der Mitwissenschaft, so wie sie der Philosoph Klaus Michael Meyer-Abich entwickelt hat. Die Mitwissenschaft fragt nicht nach den objektiven Seiten der Natur, sondern nur danach, wie wir mit ihr und ob sie mit uns zusammen ist und sich wechselseitig beeinflusst. Mit den Worten von Meyer-Abich: ›dass Tiere, Pflanzen und die Elemente nicht nur unsere natürliche Mitwelt sind, sondern umgekehrt auch wir zu den natürlichen Mitleben der Dinge und Lebewesen gehören‹. Hier dominiert ein korrelativer Erkenntnisvollzug, der über die Objektivität der Dinge hinausführt. Da werden wir viel über die Pflanzen und über uns erfahren.

Der vierte Entwurf stammt von Viktor von Weizsäcker, Mediziner und Begründer der psychosomatischen Medizin: ›Leben erforschen heisst sich am Leben beteiligen.‹ Viktor von Weizsäcker postulierte, dass der Patient nicht das Objekt des Arztes ist, sondern dass Arzt und Patient einen Menschen bilden, Bipole voneinander sind. Er vertrat die Meinung, dass die Konzentration auf die objektive Sicht des Lebens eine Zwangsneurose sei, eine pathogene Verdrängung des Eros im Verhältnis von Mensch und Mensch sowie Mensch und Natur. Also bedarf es doch der psychoanalytischen Aufklärung des auf Objektivität fixierten Erkenntnisneurotikers. Das tut auch den Pflanzen gut.

Ich fasse zusammen: Es ist gar keine Frage, jeder dieser vier verschiedenen Einfühlungs- oder Erkenntniswege lässt die Pflanze verschieden erscheinen. Es erscheint mir für die zukünftige Diskussion wichtig, dass wir diese verschiedenen Paradigmen oder Muster mit den Folgen, wie Pflanzen erscheinen, sorgfältig auf die Frage hin abtasten, ob wir in der öffentlichen Auseinandersetzung etwas Gemeinsames sagen können, von der Religion bis zur alternativen Wissenschaft. Es wird zum Beispiel schwierig, mit einem ›normalen‹ Biologen, dem wir gerade eine Zwangsneurose unterstellt haben, ins Gespräch zu kommen.

In den ›Rheinauer Thesen zu Rechten von Pflanzen‹ ist dieser Kompromiss gut zu spüren – ein Kompromiss, der zwischen den Elementen der offiziellen Biologie, die man hinübernehmen könnte, und den Elementen, die sich aus dem Kontext des gerade Vorgestellten ergeben, hin und her schwingt. Ein sehr guter Anfang. Aber da wird sehr vieles weiter zu klären sein. Auf jeden Fall sind die Pflanzen in ihrer relativen Menschenferne eine unumgängliche Herausforderung, unsere Naturnähe zu prüfen und in dialogische Sprachmuster zu überführen.«

S. 151 und S. 162

Zu den Anspruchsrechten der Rheinauer Thesen

Beat Sitter-Liver, Mitautor der Rheinauer Thesen und Professor für praktische Philosophie an der Universität Freiburg (CH), schreibt zu den Anspruchsrechten von Pflanzen (persönl. Mitteilung, 2008): »Rechte sind soziale Konstrukte. Sie sind als Rechte nicht schon in der Pflanze selber vorgegeben. Menschen sprechen Rechte zu mit Gründen (z.B. aus eigenen Interessen oder weil sie das Berechtigte als ganz oder teilweise Gleiches und insofern als Gleichberechtigtes betrachten). Rechte werden zugesprochen im Hinblick auf *das* (das Wesen), was Rechte tragen soll (etwa Menschen, andere Organismen, gar Flüsse, Landschaften); sie werden im Falle von Pflanzen zugesprochen im Hinblick auf *das,* was jenes Wesen von sich aus ist, ohne Zutun von Menschen. Es ist dies *das,* was Menschen hochschätzen, als es selber achten (nicht also als das, was das Berechtigte für sie leisten kann). Das vermögen die Menschen, weil sie von Natur aus fähig sind, sich auf anderes als es selber einzulassen. Das stimmt auch dann, wenn der wertende Akt von Menschen vollzogen, damit auf diese bezogen – also anthroporelational – bleibt. Doch anthroporelational heisst nicht anthropozentrisch (anthropozentrisch bedeutet, dass das Denken und Bewerten nur und stets auf menschliche Interessen ausgerichtet ist).

Menschen können, wenn sie es wollen, auch nichtmenschlichen Wesen Rechte zusprechen. Etwa mit dem Ziel, solche Wesen

gegen die Willkür von Menschen zu schützen (auch von jenen Menschen, welche selber diese Rechte zusprechen).
Wir unterscheiden objektives Recht (die Rechtsordnung als die Gesamtheit von Rechtsvorschriften einer Rechtsgemeinschaft) und subjektives Recht (als gesetztes, in der Rechtsordnung verbrieftes oder als erworbenes, durch einen autonomen Akt, jedoch innerhalb der Rechtsordnung eingeführtes Recht). Im Zusammenhang mit ›Pflanzenrechten‹ steht subjektives Recht im Vordergrund. Subjektives Recht kann sein Herrschaftsrecht, Anspruchsrecht, Gestaltungsrecht. Im Falle von Pflanzen fallen Herrschaftsrecht (z.B. Eigentum) und Gestaltungsrecht (z.B. Schliessen oder Aufkündigen von Verträgen) weg. Möglich bleiben Anspruchsrechte: Anspruch auf eine Leistung oder auf Unterlassen einer Tat. Ein Anspruchsrecht gibt dem Berechtigten die Möglichkeit, ein Tun oder ein Unterlassen gerichtlich durchzusetzen. Dieses Verlangen braucht nicht durch den Berechtigten selber zu erfolgen, es kann durch einen Stellvertreter vorgetragen und verfochten werden (durch einen Anwalt, vgl. etwa den Zürcher Tieranwalt in Strafsachen). – Vgl. z.B. Creifelds und Meyer-Gossner, 1988.«

Alle Übersetzungen aus dem Englischen von Florianne Koechlin

Literatur

AICRP (1998). All India Coordinated Research Project on Palms. Annual Report. Kasaragod: Central Plantation Crops Research Institute. S. 49–54.

Alpi A. und 35 Mitunterzeichnerinnen und Mitunterzeichner (2007). Plant neurobiology: no brain, no gain? Trends in Plant Science, 12, 4, S. 135–136.

Altieri M. (1999). Applying agroecology to enhance the productivity of peasant farming systems in Latin America. Environment, Development and Sustainability, 1, 3–4, S. 197–217.

Altieri M. und Nicholls C. (2005). Agroecology and the search for a truly sustainable agriculture. México: United Nations Environment Programme.

Altner G. (1991). Naturvergessenheit. Grundlagen einer umfassenden Bioethik. Darmstadt: Wissenschaftliche Buchgesellschaft.

Altner G. und Bultmann A. (2008). Wissenschaft in der Falle. Zwischen Exzellenzgerangel und Nachhaltigkeitsanspruch. Frankfurt am Main: VAS.

Altner G., Frambach L., Gottwald F.-T. und Schneider M. (Hrsg.) (2005). Leben inmitten von Leben. Die Aktualität der Ethik Albert Schweitzers. Stuttgart: Hirzel.

Anhäuser M. (2007). Die Intelligenz der Sonnenblume. Süddeutsche Zeitung, 29. Mai 2007, S. 16.

Anway M. D., Cupp A. S., Uzumcu M. und Skinner M. K. (2005). Epigenetic transgenerational actions of endocrine disruptors and male fertility. Science, 308, S. 1466–1469.

Arimura G. I., Kost C. und Boland W. (2005). Herbivore-induced, indirect plant defences. Biochimica et Biophysica Acta, 1734, S. 91–111.

Badgley C., Moghtader J. K., Quintero E., Zakem E., Chappell M. J., Avilés-Vázquez K. R., Samulon A. und Perfecto I. (2007). Organic agriculture and the global food supply. Renewable Agriculture and Food Systems, 22, 2, S. 86–108.

Baluška F. und Mancuso S. (2007). Plant neurobiology as a paradigm shift not only in the plant sciences. Plant Signaling & Behavior, 2, 4, S. 205–207.

Baluška F., Mancuso S. und Volkmann D. (Hrsg.) (2006). Communication in plants. Neuronal aspects of plant life. Berlin, Heidelberg, New York: Springer.

Baluška F., Mancuso S., Volkmann D. und Barlow P. (2004). Root apices as plant command centres: the unique 'brain-like' status of the root apex transition zone. Biologia, Bratislava, 59, Suppl. 13, S. 7–19.

Baluška F., Volkmann D. und Mentzel D. (2005). Plant synapsis: action-based domains for cell-to-cell communication. Trends in Plant Science, 10, 3, S. 106–111.

Barbieri M. (2003). The organic codes. An introduction to semantic biology. Cambridge: Cambridge University Press.

Barthes R. (1983). Cy Twombly. Berlin: Merve.

Behling L. (1957). Die Pflanze in der mittelalterlichen Tafelmalerei. Weimar: Böhlau.

Bethge P. (2006). Die Pflanzenflüsterer. Der Spiegel, 26, S. 114–116.

Bieri A. (2007). Invasion einer betörend schönen Pflanze. NZZ am Sonntag, 29. Juli 2007.

Booth M. G. (2004). Mycorrhizal networks mediate overstorey-understorey competition in a temperate forest. Ecology Letters, 7, S. 538–546.

Bose J. C. (1995). Life movements in plants. Delhi: Low Price Publications.

Braam J. (2005). In touch: plant responses to mechanical stimuli. New Phytologist, 165, 2, S. 373–389.

Brenner A. (2007). Leben. Eine philosophische Untersuchung. Bern: Bundesamt für Bauten und Logistik.

Brenner E. D., Stahlberg R., Mancuso S., Baluška F. und Van Volkenburgh E. (2007). Response to Alpi et al.: plant neurobiology: the gain is more than the name. Trends in Plant Science, 12, 7, S. 285–286.

Bürgin L. (2007). Der Urzeit-Code. Die ökologische Alternative zur umstrittenen Gen-Technologie. München: Herbig.

Calvo Garzón F. (2007). The quest for cognition in plant neurobiology. Plant Signaling & Behavior, 2, 4, S. 208–211.

Chen X., Mei L. und Tang J. (2005). Allelopathic effects of invasive

Solidago canadensis on germination and root growth of native Chinese plants. Wagga Wagga (NSW): Fourth World Congress on Allelopathy.
Coghlan A. (2007). Crops have ears, so shout for a good harvest. New Scientist, 1. September 2007.
Colborn T., Dumanoski D. und Myers J. P. (1996). Our stolen future. Are we threatening our fertility, intelligence, and survival? New York: Dutton.
Creifelds C. und Meyer-Gossner L. (Hrsg.) (1988). Rechtswörterbuch. München: Beck, S. 905–906.
Darwin C. (1880). The power of movement in plants. London: John Murray.
Douglas K. (2007). The other you. New Scientist, 1. Dezember 2007, S. 42.
Dürr H.-P. (2004). Auch die Wissenschaft spricht nur in Gleichnissen. Die neue Beziehung zwischen Religion und Naturwissenschaften. Freiburg i.Br., Basel, Wien: Herder.
Dürr H.-P., Dahm D. und zur Lippe R. (2005). Potsdamer Manifest 2005. »We have to learn to think in a new way«. München: oekom.
Dürr H.-P. und Oesterreicher M. (2001). Wir erleben mehr als wir begreifen. Quantenphysik und Lebensfragen. Freiburg i.Br., Basel, Wien: Herder.
FAO, Landon-Lane C. (2004). Livelihoods grow in gardens. Diversifying rural incomes through home gardens. Rom: FAO.
Firn R. (2004). Plant intelligence: an alternative point of view. Annals of Botany, 93, S. 345–351.
Ford B. J. (2000). The secret language of life. How animals and plants feel and communicate. New York: Fromm International.
Frietsch W. (2006). Newtons Geheimnis. Wissenschaft und Esoterik – zwei Seiten einer Medaille. Gaggenau: Scientia Nova.
Gohr S. (1994). Per Kirkeby im Gespräch mit Siegfried Gohr. Köln: Kiepenheuer und Witsch, S. 47.
Gopalakrishnan R. (2004). Spices in coconut garden – a compatible combination for sustainable income. Spice India, 17, 9, S. 2–10.
Grant-Downton R. T. und Dickinson H. G. (2006). Epigenetics and its implications for plant biology 2. The 'epigenetic epiphany': epigenetics, evolution and beyond. Annals of Botany, 97, 1, S. 11–27.

Grün K.-D. (2003). Biologische Intelligenz. Der kreative Faktor der Evolution. Mannheim: Kolb.

Gruntman M. und Novoplansky A. (2004). Physiologically mediated self/non-self discrimination in roots. Proceedings of the National Academy of Sciences of the United States of America, 101, 11, S. 3863–3867.

Harlan V. (2002). Das Bild der Pflanze in Wissenschaft und Kunst bei Aristoteles und Goethe, der botanischen Morphologie des 19. und 20. Jahrhunderts und bei den Künstlern Paul Klee und Joseph Beuys. Stuttgart, Berlin: Mayer.

Heil M., Greiner S., Meimberg H. et al. (2004). Evolutionary change from induced to constitutive expression of an indirect plant resistance. Nature, 430, S. 205–208.

Heil M., Rattke J. und Boland W. (2005). Postsecretory hydrolysis of nectar sucrose and specialization in ant/plant mutualism. Science, 308, S. 560–563.

Heistinger A. (2001). Die Saat der Bäuerinnen. Saatkunst und Kulturpflanzen von Bäuerinnen in Südtirol. Innsbruck, Bozen: Löwenzahn.

Hellmeier H., Erhard M. und Schulze E. D. (1997). Biomass accumulation and water use under arid conditions. In: Bazzaz F. A. und Grace J. (Hrsg.). Plant resource allocation. San Diego (Calif.), London: Academic Press, S. 93–113.

Hess J. (1992). Familie 5. Berggorillas in den Virunga-Wäldern. Basel, Kassel: Reinhardt.

Heuser A. (2000). Alles Vergängliche ist ein Gleichnis. Rosmarin und andere Pflanzen im Werk von Joseph Beuys. In: Renn W. (Hrsg.). Joseph Beuys. »Pflanze, Tier und Mensch«. Köln: Du Mont, S. 13–23.

Holzer C. (2002). Die Laufkäferzönosen (Coleoptera, Carabidae) zweier unterschiedlich alter Hügelbeetanlagen des Permakulturbetriebes Krameterhof im Lungau. Diplomarbeit, Karl-Franzens-Universität Graz.

Holzer S. (2003). Sepp Holzer. Der Agrar-Rebell. Graz, Stuttgart: Stokker.

Holzer S. (2004). Sepp Holzers Permakultur. Praktische Anwendung für Garten, Obst und Landwirtschaft. Graz, Stuttgart: Stocker.

Ingensiep H. W. (2001). Geschichte der Pflanzenseele. Philosophische

und biologische Entwürfe von der Antike bis zur Gegenwart. Stuttgart: Kröner.
Jablonka E. und Lamb M. J. (2005). Evolution in four dimensions. Genetic, epigenetic, behavioral, and symbolic variation in the history of life. Cambridge (Mass.), London: MIT.
Jaenisch R. und Bird A. (2003). Epigenetic regulation of gene expression. How the genome integrates intrinsic and environmental signals. Nature Genetics, 33 (Suppl.), S. 245–254.
Jeder dritte Deutsche spricht mit seinen Pflanzen! Aber können die das auch verstehen? Emnid-Untersuchung im Auftrag von Zeit Wissen, 31. August 2005.
Jones D. A. und Takemoto D. (2004). Plant innate immunity – direct and indirect recognition of general and specific pathogen-associated molecules. Current Opinion in Immunology, 16, 1, S. 48–62.
Kaati G., Bygren L. O. und Edvinsson S. (2002). Cardiovascular and diabetes mortality determined by nutrition during parents' and grandparents' slow growth period. European Journal of Human Genetics, 10, 11, S. 682–688.
Kandiannan K. et al. (2004). Spices for crop diversification and cropping system. Spice India, 17, 9, S. 11–18.
Keller E. F. (2002). Making sense of life. Explaining biological development with models, metaphors and machines. Cambridge (Mass.), London: Harvard University Press.
Kerner D. und Kerner I. (1992). Der Ruf der Rose. Was Pflanzen fühlen und wie sie mit uns kommunizieren. Köln: Kiepenheuer und Witsch.
Koechlin F. (1994). Schön, gesund & ewiger leben. Bilder und Geschichten zur perfekten neuen Welt der Gentechnologie. Zürich: Rotpunktverlag.
Koechlin F. (Hrsg.) (1998). Das patentierte Leben. Manipulation, Markt und Macht. Zürich: Rotpunktverlag.
Koechlin F. (Hrsg.) (2000). Zukunftsmodell Schweiz. Eine Landwirtschaft ohne Gentechnik? Frick, Basel: Forschungsinstitut für biologischen Landbau.
Koechlin F. (2005). Zellgeflüster. Streifzüge durch wissenschaftliches Neuland. Basel: Lenos.
Koechlin F. (2006). Kiwis in den Alpen. Die Wochenzeitung, 30. März 2006.

Koechlin F. (2007). Der neuronale Wurzelstock. Die Wochenzeitung, 1. März 2007.

Koechlin F. und Ammann D. (1997). Mythos Gen. Rieden bei Baden: Utzinger-Stemmle.

Körner C. (2007). Die Naturwissenschaft im Spannungsfeld zwischen individueller Kreativität und institutionellen Netzen. In: Berka W. und Schmidinger H. (Hrsg.). Vom Nutzen der Wissenschaften. Wien, Köln, Weimar: Böhlau, S. 169–181.

Kost C. und Heil M. (2006). Herbivore-induced plant volatiles induce an indirect defence in neighbouring plants. Journal of Ecology, 94, 3, S. 619–628.

Küchli C. (2000). Auf den Eichen wachsen die besten Schinken. Zehn intime Baumporträts. Aarau: AT.

Leeman R. (2005). Cy Twombly. Malen, Zeichnen, Schreiben. München: Schirmer/Mosel.

Lessing T. (2004). Blumen. Berlin: Matthes und Seitz.

Lipton B. (2005). The biology of belief. Unleashing the power of consciousness, matter, and miracles. Santa Rosa (Calif.): Mountain of Love / Elite Books.

Lumey L. H. (1992). Decreased birthweights in infants after maternal in utero exposure to the Dutch famine of 1944–1945. Paediatric and Perinatal Epidemiology, 6, 2, S. 240–253.

Lürling M. und Scheffer M. (2007). Info-disruption. Pollution and the transfer of chemical information between organisms. Trends in Ecology & Evolution, 22, 7, S. 374–379.

Maffei M. E., Mithöfer A., Arimura G. I. et al. (2006). Effects of feeding *Spodoptera littoralis* on lima bean leaves. III. Membrane depolarization and involvement of hydrogen peroxide. Plant Physiology, 140, 6, S. 1022–1035.

Mertens M. (2008). Assessment of environmental impacts of genetically modified plants. Bonn: Bundesamt für Naturschutz.

Molinier J., Ries G., Zipfel C. und Hohn B. (2006). Transgenerational memory of stress in plants. Nature, 442, S. 1046–1049.

Mollison B. (1988). Permaculture. A designer's manual. Tyalgum (NSW): Tagari Publications.

Mollison B. (2004). Permakultur konkret. Entwürfe für eine ökologische Zukunft. Darmstadt: pala.

Mollison B. und Holmgren D. (1984). Permakultur. Landwirtschaft und Siedlungen in Harmonie mit der Natur. Darmstadt: pala.

Murch S. J. (2006). Neurotransmitters, neuroregulators and neurotoxins. In: Baluška F., Mancuso S. und Volkmann D. (Hrsg.) (2006). Communication in plants. Neuronal aspects of plant life. Berlin, Heidelberg, New York: Springer.

Narby J. (2005). Intelligence in nature. An inquiry into knowledge. New York: Jeremy P. Tarcher / Penguin.

Odparlik S. und Kunzmann P. (Hrsg.) (2007). Eine Würde für alle Lebewesen? München: Utz.

Praetorius I. (2005). Sich in Beziehung setzen. Zur Weltsicht der Freiheit in Bezogenheit. Königstein/Taunus: Helmer.

Pretty J. (Hrsg.) (2008). Sustainable agriculture and food. London: Earthscan.

Pretty J. und Hine R. (2001). Reducing food poverty with sustainable agriculture. A summary of new evidence. Colchester: University of Essex.

Prithiviraj B., Paschke M. W. und Vivanco J. M. (2007). Root communication: The role of root exudates. Encyclopedia of Plant and Crop Science, 1, 1, S. 1–4.

Pryme I. F. und Lembcke R. (2003). In vivo studies on possible health consequences of genetically modified food and feed – with particular regard to ingredients consisting of genetically modified plant materials. Nutrition and Health, 17, 1, S. 1–8.

Raghavan S. (2007). Handbook of spices, seasonings, and flavorings. Boca Raton (Fla.), London: CRC.

Rasmann S., Köllner G., Degenhardt J. et al. (2005). Recruitment of entomopathogenic nematodes by insect-damaged maize roots. Nature, 434, S. 732–737.

Rippe K. P. (2008, im Druck). Ethik im ausserhumanen Bereich. Paderborn: mentis.

Rotter S. (1998). Der Krameterhof. Ökologische Produkt- und Flächenbewertung eines Permakulturbetriebes im Lungau. Diplomarbeit am Institut für Umwelt und Wirtschaft, Wirtschaftsuniversität Wien.

Schulze B., Kost C., Arimura G. I. und Boland W. (2006). Duftstoffe: Die Sprache der Pflanzen. Signalrezeption, Biosynthese und Ökologie. Chemie in unserer Zeit, 40, S. 366–377.

Shepherd V. A. (2005). From semi-conductors to the rhythms of sensitive plants: the research of J. C. Bose. Cellular and Molecular Biology, 51, 7, S. 607–619.

Shiva V. (1994). Concepts of nature and ecological reality. An Indian perspective. In: Zum Naturbegriff der Gegenwart. Kongressdokumentaion zum Projekt »Natur im Kopf«, Stuttgart, 21.–26. Juni 1993. Hrsg. von der Landeshauptstadt Stuttgart, Kulturamt. Stuttgart-Bad Cannstatt: Frommann-Holzboog.

Shiva V. et al. (2006). Manifest zur Zukunft des Saatguts. www.borken-ohne-genmais.de/File/Manifest_zur_Zukunft_des_Saatguts.pdf.

Sitter-Liver B. (2008, im Druck). Würde als Grenzbegriff. Erläutert am Beispiel der Pflanze. In: Odparlik S., Kunzmann P. und Knoepffler N. (Hrsg.). Wie Würde gedeiht. Pflanzen in der Bioethik. München: Utz.

Smith J. M. (2007). Genetic roulette. The documented health risks of genetically engineered foods. Fairfield (Iowa): Yes! Books.

Solé R. und Goodwin B. (2000). Signs of life. How complexity pervades biology. New York: Basic Books.

Stöcklin J. (2007). Die Pflanze. Moderne Konzepte der Biologie. Bern: Bundesamt für Bauten und Logistik.

Stout M. J., Thaler J. S. und Thomma B. P. (2006). Plant-mediated interactions between pathogenic microorganisms and herbivorous arthropods. Annual Review of Entomology, 51, S. 663–689.

Su S., Cai F., Si A. et al. (2008). East learns from west. Asiatic honeybees can understand dance language of European honeybees. PLoS One, 3, 6, e2365.

Tafforeau M., Verdus M. C., Norris V. et al. (2006). Memory processes in the response of plants to environmental signals. Plant Signaling & Behavior, 1, 1, S. 9–14.

Tansey G. und Rajotte T. (Hrsg.) (2008). The future control of food. A guide to international negotiations and rules on intellectual property, biodiversity and food security. London: Earthscan.

Telewski F. W. (2006). A unified hypothesis of mechanoperception in plants. American Journal of Botany, 93, 10, S. 1466–1476.

Tompkins P. und Bird C. (1974). Das geheime Leben der Pflanzen. Pflanzen als Lebewesen mit Charakter und Seele und ihre Reaktionen in den physischen und emotionalen Beziehungen zum Menschen. Bern, München: Scherz.

Trewavas A. (2003). Aspects of plant intelligence. Annals of Botany, 92, S. 1–20.

Trewavas A. (2004). Aspects of plant intelligence. An answer to Firn. Annals of Botany, 93, S. 353–357.
Trewavas A. (2007). Response to Alpi et al.: Plant neurobiology – all metaphors have value. Trends in Plant Sciences, 12, 6, S. 231–233.
Tudge C. (2005). Let the future take root. New Scientist, 5. November 2005.
Unithiri N. V. P. (Hrsg.) (2003). Indian scientific traditions. Kozhikode: Publication Division, University of Calicut.
Weber A. (2007). Alles fühlt. Mensch, Natur und die Revolution der Lebenswissenschaften. Berlin: Berlin Verlag.
Wiemken V. und Boller T. (2002). Ectomycorrhiza: gene expression, metabolism and the wood-wide web. Current Opinion in Plant Biology, 5, 4, S. 355–361.
Wiemken V. und Boller T. (2006). Delayed succession from alpine grassland to savannah with upright pine: Limitation by ectomycorrhiza formation? Forest Ecology and Management, 237, S. 492–502.
Willer H., Yussefi-Menzler M. und Sorensen N. (Hrsg.) (2008). The world of organic agriculture. Statistics and emerging trends 2008. Bonn, Frick: IFOAM/FiBL.
Witzany G. (2000). Life: The communicative structure. A new philosophy of biology. Bürmoos: Eigenverlag.
Witzany G. (2006a). The logos of the bios 1. Helsinki: Umweb.
Witzany G. (2006b). Plant communication from biosemiotic perspective. Plant Signaling & Behavior, 1, 4, S. 169–178.
Witzany G. (2007). The logos of the bios 2. Bio-Communication. Helsinki: Umweb.

Bildnachweis

S. XI: bpk / Jochen Littkemann; S. XV, oben: Greenpeace Schweiz; S. 34: Beat Häner, Basel; S. 66: Barbara Hohn, privat; S. 101, oben: Andreas Schwarz, privat; S. 101, unten: Dorian Schmidt, privat; S. 112: Greet Helsen, privat; S. 114, unten: Mani Mezhukanal, privat; S. 156, unten: Meinrad Hänggi, Basel; alle anderen: Florianne Koechlin, Münchenstein

Florianne Koechlin im Lenos Verlag

Schwatzhafte Tomate, wehrhafter Tabak
Pflanzen neu entdeckt
211 Seiten, gebunden, mit Schutzumschlag
mit 54 Abbildungen
ISBN 978 3 85787 472 7

Pflanzen unterhalten lebhafte Beziehungen mit ihrer Umgebung; sie warnen sich gegenseitig mit Duftstoffen, locken gezielt Nützlinge an, koordinieren oft sogar ihr Verhalten. Sie erkennen und protegieren Verwandte, schikanieren Fremde und bilden Allianzen. Unter dem Boden bilden sie umfangreiche Netzsysteme aus Wurzeln und Pilzen, über die sie Nährstoffe und sogar Informationen austauschen – ein »Internet der Pflanzengemeinschaften« von ungeahnten Ausmassen. Manche Forscher halten sie gar für intelligent.

Florianne Koechlin im Lenos Verlag

Jenseits der Blattränder
Eine Annäherung an Pflanzen
235 Seiten, mit Abbildungen, kartoniert
ISBN 978 3 85787 776 6
LP 176

»Ein Muss für alle, die sich für Pflanzen und das grosse Beziehungsnetz der Natur interessieren.«
Ökologo

Florianne Koechlin im Lenos Verlag

Mozart und die List der Hirse
Natur neu denken
222 Seiten, Smartcover
ISBN 978 3 85787 460 4

»Florianne Koechlin und Denise Battaglia erzählen wundersame Naturgeschichten. Von Reben, die Mozart hören, von Menschen, die in der Wüste Gärten pflanzen, oder von Gorillas, die um ihre Toten trauern. Die zwölf überraschenden Reportagen haben eine gemeinsame Botschaft: In der Natur ist alles miteinander vernetzt – auch mit uns.«
Schweizer Familie